城市设计下的通风效能研究

Research on Ventilation Efficiency from the Perspective of Urban Design

闫 利 著

中国建筑工业出版社

图书在版编目（CIP）数据

城市设计下的通风效能研究 = Research on
Ventilation Efficiency from the Perspective of
Urban Design / 闫利著 . — 北京：中国建筑工业出版
社，2023.7
ISBN 978-7-112-28993-6

Ⅰ.①城…　Ⅱ.①闫…　Ⅲ.①城市环境—通风—研究
Ⅳ.① X21

中国国家版本馆 CIP 数据核字（2023）第 143015 号

数字资源阅读方法

本书提供全书图片的电子版（部分图片为彩色），读者可使用手机 / 平板电脑扫描右侧二维码后免费阅读。

操作说明：

扫描右侧二维码→关注"建筑出版"公众号→点击自动回复链接→注册用户并登录→免费阅读数字资源。

注：数字资源从本书发行之日起开始提供，提供形式为在线阅读、观看。如果扫码后遇到问题无法阅读，
请及时与我社联系。客服电话：4008-188-688（周一至周五 9:00-17:00）Email：jzs@cabp.com.cn

责任编辑：李成成
责任校对：王　烨

城市设计下的通风效能研究
Research on Ventilation Efficiency from the Perspective of Urban Design
闫　利　著
*
中国建筑工业出版社出版、发行（北京海淀三里河路 9 号）
各地新华书店、建筑书店经销
北京雅盈中佳图文设计公司制版
北京中科印刷有限公司印刷
*
开本：787 毫米 × 1092 毫米　1/16　印张：$10\frac{3}{4}$　字数：241 千字
2023 年 9 月第一版　2023 年 9 月第一次印刷
定价：**89.00** 元（赠数字资源）
ISBN 978-7-112-28993-6
（41681）

前　言

　　空气中污染物以及病菌的浓度直接影响人的健康。2002 年的 SARS（Severe Acute Respiratory Syndrome）、2019 年的新型冠状病毒以及近年来日趋严峻的雾霾引发人们对城市室外环境健康的关注。健康的室外环境是保障居民健康生活的基本前提，优良的空气质量是组成室外健康环境的必要因素，有效的通风部分决定了空气质量的优劣，即增加城市通风效率可以适当缓解城市空气质量差的不利影响。中共中央、国务院印发的《"健康中国 2030"规划纲要》中强调，要把健康融入城乡规划、建设、治理的全过程，促进城市与人民健康协调发展。因此，城乡规划设计应涵盖健康的内核。通过量化风对空气中污染物以及病菌的搬运、疏散能力（风效指标的确定），进而判定城市室外公共空间空气质量的优劣分布（室外健康空间的识别），在此基础上引入规划设计手段对空气质量较差区域进行优化设计（室外健康空间的优化），此研究对于规划设计与健康环境的协同建设具有重要意义，对于促进城市活力、恢复力以及可持续性，减少居民患病概率，降低死亡率至关重要。

　　低质量的空气已经成为影响人类健康的重要因素，有效的城市通风是缓解城市低质量空气的重要手段。因此，对城市通风效果的评价以及借助城市规划设计手段对城市通风效果进行优化在改善人居环境、保障人类健康生活层面具有重大意义。本书主要研究城市规划设计、城市风环境以及城市空气质量之间的关联关系，采用了实证研究与数值模拟相结合的研究方法，首先，借助于 CFD（Computational Fluid Dynamics）进行数值模拟，建立风环境与城市污染物浓度之间的关系模型，确定风速对污染物浓度稀释的临界值域，基于此建立设计要素系统与风环境的关联关系，进而实现通过改变设计要素改善城市空气质量的目标；其次，通过实地测量，证明了城市微环境区域存在风环境空间分布上的差异，且风环境与污染物浓度之间存在对应关系，即风速越大污染物浓度越低，反之越高。

　　本书一共 7 个章节。第 1 章为已有相关理论基础的梳理，总结了气候适应性设计的历史沿革；提炼了城市规划对城市气候环境的双向影响，包括城市规划建设带来的具体城市气候问题，以及立足规划层面对城市气候环境优化的诸多尝试；着重研究了风环境与城市规划设计的关联。第2章交叉了多个学科，在此基础上构建了基于城市规划改善城市风环境进而优化城市空气质量研究的理论框架。第3章论述了具体的数值模拟方法，包括空气流动控制方程、数值离散格式、计算网格划分、边界条件设定以及湍流模型；将研究用到的整个数值模拟过程进行了详细的阐释说明，改进了相应的计算算法，验证了计算方法的可靠性。第4章主要研究"风效能"的量化指标，经过多次反复迭代模拟，确定了有效扩散污染物的风速阈值（临界风速）。在此基础上提出用行人高度（1.5m）剖面的临界风速面积比表征相应区域空气质量，即依据模拟的风速云图，提取风速低于临界风速的区域面积，将其与区域总面积（除去建筑基底面积）相比，得出百分数，即为临界风速比。将临界风速比作为评价城市通风效果的指标，临界风速比越高，空气流通性越差，空气污染越严重，反之亦然。第5章将风效指标与空间设计要素相关联，首先，选取各类城市设计要素，建立城市设计要素系统；其次，以临界风速比作为评价指标，通过数值模拟计算，分析各类要素变化对城市空气质量的影响；最后，计算各类要素与空气质量的相关性系数，找出与城市空气质量相关性较大的因子，以此作为城市空气质量优化的背景前提。第6章为案例研究章节。选取重庆市三峡广场以及乌鲁木齐市钻石城广场分别进行空气质量评价及优化设计。选取的优化对象分属中国不同气候区，且包括建成项目与设计方案，此优化不是纯粹的数值优化，而是基于前述结论的经验性优化。在第5章结论的基础上，首先提取相应的设计要素，对这些设计要素进行修正，最后通过对比优化前后设计方案的临界风速比，可以看出，优化后的项目实现了临界风速比的显著降低，城市通风效果得到提升，城市空气污染得到缓解。第7章为结论。

本书得出了以下几个重要的研究结论：

（1）界定了能有效扩散空气中污染物的临界风速值。通过对城市风环境与污染物扩散的关系研究，确定了有效疏散空气污染物的临界风速值1.0m/s。在此基础上提出了新的城市空气质量判定指标——临界风速比。

（2）完善了计算流体力学方法在城市环境中的应用。包括：比较了结构性网格和非结构性网格的优劣，选择适用于城市环境计算的网格模式，对边界条件、计算方法，以及网格量的疏密、分辨率都进行了相应的调整，使其在运用于城市环境这种大体量的环境计算时具有合适的精度和计算效率。

（3）系统性地研究了城市设计要素系统对空气质量的影响规律。结果显示，环境背景要素中的风速与风向条件是影响空气流通效率的决定性因素，开发强度要素中的建筑密度要素对城市通风效果影响明显，布局设计要素中的风道设计和围合方式也会影响城市通风性能。在城市设计要素系统中，同时存在对城市通风效率正相关与负相关的指标，在具体的改善策略中，应综合利用，统筹考虑各要素对城市通风效果的影响，相互配合，才能实现城市空气质量的整体提升。

（4）将设计要素与城市空气质量的关联性结论运用于具体的城市设计项目中，比较其优化结果，验证结论的准确性。结果显示，基于第 5 章的研究结论，对城市设计要素的局部修改能有效降低临界风速比，实现城市空气质量的优化。

（5）提出了一种简易判定城市微环境空气质量的方法，链接风速云图，可以便捷地实现对城市局部区域某一具体地点空气质量的判定和预测。在此基础上，通过引入粒子群优化算法，实现基于空气质量的城市布局设计修正，为智能城市设计奠定了基础。

本书为作者博士期间重要的研究成果，成书过程漫长且艰难，真诚感谢重庆大学胡纹教授和何宝杰教授的指导与支持，感谢香港中文大学吴恩融教授、哈尔滨工业大学冷红教授给予的宝贵修改意见。本书非常荣幸获得了西南科技大学博士基金（城市公共空间内中健康场所的识别与优化，基金号 21zx7147）的支持。

由于作者水平有限，本书难免存在不足之处，敬请读者指正批评。

目 录

1 绪 论

1.1 研究背景和意义

城市发展带来气候环境的变化。这种变化有许多是负面的、消极的，波及各类气象要素，进而演变成极端的城市气候。主要的气象要素包括气压、气温、大气湿度、风、云、降水、蒸发、辐射以及日照等。与城市气候密切相关的要素主要有风、热、降水、辐射以及云雾。这些气象要素受城市发展建设的影响，过大或过小，过高或过低，过强或过弱都会表征为消极的气候现象。具体包括：与风关联的城市通风不足以及风害现象；与热关联的日照间距的诉求以及城市热岛效应；与降水关联的城市雨岛以及城市干岛效应；与辐射相关的臭氧漏洞；与云雾相关的城市混浊岛；关于气压，城市局地效应对其的影响很小，这里不做赘述。过往的研究表明，城市气候特征受城市发展建设的影响，但城市气候与城市规划设计要素之间具体的关联关系并不明晰，如何利用现有的空间设计手法对城市气候进行调控的研究还处于摸索阶段。本书不囊括所有的气候环境要素，只将风环境要素与城市设计交叉，研究的核心着眼于探寻微气候环境下设计、城市通风以及空气质量之间的关联关系，即以风环境为媒介，探寻设计对城市微环境下空气质量的影响，找到明晰的规律，实现通过设计改变城市空气流通状况，进而缓解空气污染，实现空气质量优化的目标。

1.1.1 研究背景

快速的城市化进程，带来人口与经济的迅速发展，人们在享受现代化带来的一切便利的同时也在为其产生的负面消极效应付出代价。高楼林立、汽车遍布的城市已经越来越不适合人们的生存，由于通风不畅带来的雾霾天气以及频发的公众卫生事件时刻威胁着人们的健康。据世界卫生组织统计，世界上约 4/5 的城市居民生活在不符合城市空气质量健康标准的地区，大约 1/2 的城市空气污染水平超过世界卫生组织标准的 2 倍，超过 10 亿人暴露在低质量的空气中，每年造成大约 100 万人过早死亡。

城市发展建设导致空气污染严重。2021 年，全国 339 个地级及以上城市中，有 121 个城市空气污染物浓度超标，占 35.7%。污染物类别方面，$PM_{2.5}$ 为首要污染物，其次为 PM_{10} 及 O_3。地区分布上，污染严重的城市较集中地分布于京津冀及周边地区，受沙尘影响，新疆的部分城市污染也较为严重。从 2013—2021 年的统计数据可以看出，整体上我国空气质量逐年好转，空气质量达标天数在持续增加，四类主要污染物的年均浓度也呈逐年下降趋势，到 2021 年，$PM_{2.5}$ 的年均浓度已经达到国家二级标准，如表 1.1、图 1.1 所示。但是当前的大气污染程度与理想的空气质量之间仍有一定距离，呈现空间和季节上的波动，尤其是在冬季，由于供暖燃煤的影响，部分城市 $PM_{2.5}$、PM_{10} 等颗粒物浓度依然超标严重，大气污染物的排放总量高位震荡，要实现空气质量的完全达标还需要持续的重视与治理。

空气质量低劣背景下的"等风来"。在诸多的气候要素中，风对于空气质量的巨大影响在近年来频发的公众卫生事件以及雾霾天气下表现得尤为突出，有效通风成为缓解城市局部区

指标	空气质量超标城市比例（%）	PM₂.₅年平均浓度（μg/m³）	PM₁₀年平均浓度（μg/m³）	SO₂年平均浓度（μg/m³）	NO₂年平均浓度（μg/m³）	O₃-8h浓度第90位百分数（mg/m³）	AQI达标天数比例（%）
2021年	35.7	35	51	11	28	137	87.5
2020年	40.1	33	56	10	24	138	87
2019年	53.4	36	63	11	27	148	82.0
2018年	64.2	39	71	12	35	149	79.3
2017年	70.7	40	63	13	44	140	79.5
2016年	75.1	47	82	22	30	138	78.8
2015年	78.4	50	87	25	30	134	76.7
2014年	90.1	62	105	35	38	140	67.8
2013年	95.9	72	118	40	44	139	60.5
年二级标准	—	35	70	60	40	160	—

资料来源：2013—2021年中国城市环境公报

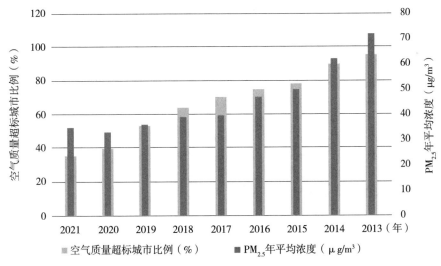

图1.1　2013—2021年 PM₂.₅ 浓度变化及空气质量超标城市比例变化

资料来源：2013—2021年中国环境统计公报

域空气质量的重要手段。然而何为有效通风？城市中同一区域，是否会随着设计布局的差异带来通风效果的差异？哪些设计要素是影响空气质量的决定因素？是否可以通过优化设计手段实现城市局部区域空气质量的改善？对于这些问题，过往的研究并没有明确的结论。在此背景下，城市通风、空气质量以及规划设计之间的关联关系研究就成为当务之急。

1.1.2　研究意义

面对严峻的污染形势、频发的公众卫生事件，满足人们对健康舒适生活环境的诉求成为规划设计者的首要目标。本研究试图将规划设计要素与城市通风效果关联，寻求这些要素变化对应的城市通风效果的变化特征，找出主要影响因素，并对其进行优化，进而从空间规划设计角度改善城市通风效果，提高城市空气流通效率，实现城市空气质量的优化。因此，本研究对于缓解当前城市空气污染，保障居民健康生活具有重要意义，具体表现为以下几个方面：

1. 验证了城市规划建设对微气候环境的影响

对城市气候和城市规划建设的关联性研究验证了城市规划建设与气候环境之间的相互影响，特别是验证了城市规划设计对局部区域城市气候环境的影响。合理的城市规划建设将有效利用气候环境的优势、避开气候环境的劣势；反之，不合理的城市规划建设将放大城市气候的消极影响，带来一系列的城市气候问题。

2. 对城市规划功能目标的再定义

研究通过大量标准模型的计算和运用于实际案例的验证，说明城市规划设计手法对于改善城市微气候环境是有效的。打破传统城市规划仅仅立足于经济、用地规模、功能上的考虑，将城市规划和城市气候环境紧密结合起来，在规划设计之初就将空间设计对城市气候环境的影响作为重要的影响因子进行考量，提高城市规划建设对于环境的正效应，实现城市规划功能目标的再定义。

3. 实现了人的健康发展

研究倡导提高城市透气性，改善城市通风，这将有效改善城市空间的空气质量，避免空气污染和疾病传播。对于良好人居环境的营造以及健康居民生活的实现具有重要的意义。

1.2　研究对象

1.2.1　研究对象的界定

空间设计、风环境以及空气质量三者之间的关联关系即为本书的研究对象。研究的尺度主要限定在城市微气候尺度，首先，界定风环境与空气质量之间的关联特征，研究试图以具体的风速值表征空气质量的优劣，将对空气质量的研究变成对气流运动的研究。其次，界定空间设计要素的变化对气流特征的影响，已知城市的建设造成城市透气性的变化，研究试图建立设计要素系统，通过大量的数值模拟，确定要素参量变化带来的气流运动变化。最后，以风环境为桥梁，研究不同的设计要素对空气质量影响的映射关系，在此基础上，通过设计要素的改变实现对空气质量的优化。

为了获得风、城市设计要素以及空气质量之间关联性的规律，本研究对研究范围进行了限定，不考虑其他的气候要素，只讨论风场。大气运动也仅考虑大气层流活动，对于垂直方向上的湍流运动因为涉及的影响因素众多，这里不做扩展讨论。

1.2.2 研究术语

城市微气候：又称为城市小气候，是相对于大气候而言，指近地层大气由于受到不同下垫面性质以及人类和生物活动的影响而产生的改变，这种改变具有明显的地域特征，即小范围气候。主要特征包括：范围小，即垂直和水平尺度都很小（垂直尺度限于2m以下薄气层内，水平尺度可从几毫米到几十公里）；差别大，指气象要素在垂直和水平的差异都很大；很稳定，指各种小气候的差异比较稳定。

低质量的空气：本研究中特指流通不畅，通风效率下降而导致的污染物或病菌发生集聚的空气。需要特别说明的是，这里对于低质量空气的判定立足于通风效率角度，而不以空气中污染物以及病菌的浓度具体对人类伤害的浓度标准作为判定依据。

透气性：本研究中的透气性与封闭的高密度城市群是相对的概念。指城市垂直方向上的孔隙度，即城市建筑未投影于城市立面上的面积占城市立面投影面积的比例。孔隙度越高透气性越好，反之则越差。

被动式城市设计参数系统：基于良好城市通风效应，有效改善城市空气质量的空间设计要素系统。

人行高度：以普通成年人呼吸器官（鼻子）距离地面的平均高度作为研究的人行高度，本书设定为1.5m。

临界风速：本书提出了基于空气质量改善的临界风速的概念，具体指在人行高度层面（1.5m）与空气质量相关联的气流运动的临界阈值，即能有效稀释空气中污染物的风速阈值。

临界风速比：在人行高度上的城市空间截面内，低于临界风速的区域面积与该截面面积（去除建筑面积）的比值，主要用于衡量区域内的空气流通效率。

1.3 国内外研究进展

1.3.1 文献资料搜集统计

本书主要研究空间设计、风环境以及空气质量之间的关系，因此需要理清已有的研究三者关系之间已有的研究成果，了解相关研究所采用的研究方法，为本书开展研究工作找到切入点。将城市规划设计与气候要素相关联的研究进行脉络梳理，着重研究气候要素中的风环境要素与城市规划设计之间的关联性文献，从理论、方法以及实践诸多方面了解此类研究的主要贡献。经过归纳总结，已有研究工作主要包含以下三个部分（图1.2）：①立足于气候维度的城市设计。主要从气候要素与城市规划的关联性研究入手，理清国内外气候背景运用于城市建设发展中的历史沿革以及现今城市规划对诸多气候要素的创造性运用。②气候要素之风环境与空气质量的关联性研究。主要从通风评价指标、风场计算以及通风缓解污染等角度

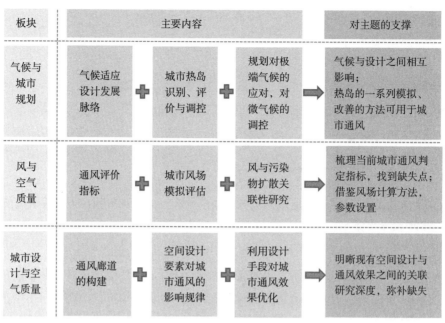

板块	主要内容			对主题的支撑
气候与城市规划	气候适应设计发展脉络	城市热岛识别、评价与调控	规划对极端气候的应对，对微气候的调控	气候与设计之间相互影响；热岛的一系列模拟、改善的方法可用于城市通风
风与空气质量	通风评价指标	城市风场模拟评估	风与污染物扩散关联性研究	梳理当前城市通风判定指标，找到缺失点；借鉴风场计算方法，参数设置
城市设计与空气质量	通风廊道的构建	空间设计要素对城市通风的影响规律	利用设计手段对城市通风效果优化	明晰现有空间设计与通风效果之间的关联研究深度，弥补缺失

图1.2 研究综述板块构成

梳理现有风环境与空气质量关联性研究成果。③空间设计与城市通风效果之间的关联关系研究。主要包括城市通风廊道、空间设计要素对风环境的影响规律、空间设计对城市通风的优化等内容。

研究过程用于文献查找的搜索关键词主要包括：气候与城市设计、风环境与空气质量、CFD与城市规划、城市通风与城市规划。搜集到的文献主要来源于 Web of Science、CNKI（China National Knowledge Infrastructure）等数据库。

1.3.2　立足于气候维度的城市设计

气候条件对于建筑设计、城市选址以及城市布局模式的影响由来已久。对气候条件的深度运用成为古代建筑设计以及城市建设布局的基础，过去的设计师根据当地气候和环境特征进行的规划和建设实践的经验总结成为指导后来设计的科学依据，衍生出的诸多建筑形式以及建城模式成为后来设计的重要参考。

人类文明早期，对气候信息进行顺应利用。

（1）建筑层面。①基于太阳辐射的差异开展适应性设计。寒冷地区的居住形式多为"无屋宇，并依山水掘地为穴，架木于上，以土覆之，状如中国之冢墓，相聚而居"。这种建筑形式最大限度地利用了冬天的太阳照度给房屋供暖，同时又使它们免受夏日阳光的直射，如中国东北地区的地下、半地下穴居形式，爱斯基摩人冰制的圆顶小屋等。炎热地区的建筑则注重通风、防晒。如巴格达地区传统的内院式住宅，外紧内松的布局形式最大限度减少了外部的太阳辐射，又促进了内部的交换散热。②基于降水差异的适应性设计。干燥少雨的地区，主要考虑防晒以及保湿，因此在建筑设计上形成了平屋顶或者窑洞建筑形式，在新疆喀什还建成了屋顶院落。潮湿多雨地区，在建筑设计上需考虑通风、防水，因此建筑屋顶多为尖顶，且底层架空，如干栏式建筑、骑楼等建筑形式。

（2）城市层面。气候条件是对城市规划建设起到重要作用的主导生态因子之一，"形式追随气候"应像"形式追随功能"一样，成为城市设计的基本原则。在中国古代，基于"天人合一"的哲学观念，产生了"要顺之以天理"，追求与天同源、同构，与自然和谐统一的建城思想。"负阴抱阳，背山面水"的风水学说是祖先在城市或聚落选址上适应气候的经验提炼。春秋时期，已有对城市科学选址，适应气候环境的意识。《管子》中许多论述都体现了这一建城选址思想，如《管子·乘马》中的"凡立国都，非于大山之下，必于广川之上。高毋近旱，而用水足，下毋近水，而沟防省"，《度地》中的"故圣人之处国者，必于不倾之地，而择地形之肥饶者……此谓因天之固，归地之利"。《度地》还进一步明确了防灾意识，提出要避免"五害"，即水灾、旱灾、风雾雹霜、疾病及虫灾，并以治水为首要。在世界的建城思想中，维特鲁威的《建筑十书》要求城市选址在高爽地段，有利于避强风、浓雾、酷热，且需接近水源，交通便利。阿尔伯蒂在《论建筑》中继承了维特鲁威的思想，主张从城市的环境因素考虑城市的选址选型，认为不同的气候条件衍生出了不同的城市簇群形态，例如：北非地区全年干旱炎热，其城镇形态表征为紧凑密集的簇群形态；东南亚村落全年气候潮湿炎热，其城镇布局表现为稀疏、松散的结构形态。

随着科学技术的进步，人类开始有足够的能力去改变不利的建设条件，将大量的人工干预投入到建设中，此时是以功能需求为主导的，对自然环境、气候的影响最大，因此涌现出大量的城市气候问题，如城市热岛、城市污染、城市内涝等。1963年，维克多·奥戈雅提出"生物气候地方主义"的设计理论，将气候适应性纳入建筑设计中，随后勒·柯布西耶、查尔斯·柯里亚、杨经文等许多现代和当代建筑师也开始重视气候与建筑设计的关系。进入21世纪，城市气候问题在全球范围内日渐凸显，各国都开始从政府层面制定相应的适应气候变化策略。2006年，中国政府发布了《气候变化国家评估报告》。2008年，伦敦市政府推出了《伦敦适应气候变化战略》，在伦敦市进行气候影响评估以及对各种气候问题进行响应。2010年，联合国减灾委员会提出建立韧性城市（Resilient City），将气候适应性设计明确推行到规划领域。同年发表的《波恩声明》，倡导城市管理者应推动适应气候变化和防灾减灾的规划策略的实施，随后美国规划学会发布了《规划与气候变化政策指南》，建议通过相应的政策与方法推动城市规划在应对气候变化风险中发挥积极作用。

近年来，气候与城市设计的关联性研究逐渐深入，大致可以分为三个阶段：

第一阶段，气候要素与规划设计要素的一致性探讨。这一阶段的研究主要从定性入手，辅以实测，系统性地归纳总结各种气候要素与规划设计之间的关联特征，认清气候要素制约规划设计，且规划设计也同样影响局地气候。这些研究得出了以下重要结论：

（1）提倡气候与规划设计的全面融合，制定结合地域特征的气候设计规范，最大限度地保证气候与规划设计之间的良性互动。国内外诸多学者代表性的研究成果有：Evans 等以布宜诺斯艾利斯为例，提出将气候意识纳入城市规划与设计，制定符合特定城市的气候设计规范。张蔚文等人提出了"气候·多规融合"。Goehring 设计了一套被动式城市设计方法，用来解决城市中低碳发展和舒适环境的问题。Mills 等人认为应将城市气候专业知识纳入城市地区决策中。冒亚龙等人提出了基于气候的生态城市节能设计准则、方法及策略。Wong N 等人借助GIS（Geographic Information System）手段开发了结合气候的城市设计平台。王洪星等人认为气候要素与规划设计之间，既相互制约又相互发展，促进其协调共生是未来研究的重点。冷红等人对城市微气候环境与空间环境的相互影响关系进行了研究。韩冰等人建立了结合气候生态的城市设计方法与框架。

（2）同一区域，不同的设计手法（城市形态、建筑类别、绿化布置等）会导致局地微气候环境的变化，尤其是风热环境的变化。代表性的研究成果有：Pattacini 等研究了城市形态对城市小气候影响的可能性和潜在可能性，这里的小气候主要指城市中的气温，研究结论确定了顺应主导风向预留城市风道的城市布局形态对城市降温起关键作用。刘滨谊等人以基础实测为主，尝试寻找风、湿、热等小气候要素与开敞空间布局间的量化关系。Chatzidimitrioua A 等人采用模拟（ENVI-met、RadTherm 和 Fluent）和实测相结合的手法评估几何结构、材料、土壤湿度、植被、水等要素对城市微气候的影响，并根据设计参数对行人舒适性指数的影响对这些要素进行排序。

第二阶段，城市气候问题（这一部分主要讨论城市热岛）的成因分析、预测以及调控。关于城市热岛，1958 年，Manley 将城区气温高于郊区的现象称为"城市热岛效应"。1982 年，Oke 定义了热岛强度。由此拉开了城市热岛研究的序幕，发展至今国内外关于城市热岛的研究已经形成了一套较为成熟的体系，包括城市热岛效应的识别、热岛效应的成因分析、城市热岛效应的预测以及如何通过规划设计手段进行调控。研究的主要技术手段，包括实地测量，借助于遥感、GIS、CFD 等技术手段对城市大尺度、中尺度以及局地微环境的热岛效应进行分析预测。主要的研究结论包括：

（1）城市热岛的识别以及成因分析，通过实地测量、数值模拟，明确了城市中存在热岛，且热岛效应的成因与城市高密度建设、城市用地类别以及城市中普遍使用汽车排出大量的温室气体有关，其中城市中的水体和绿化是最不易产生热岛效应的用地类别。代表性的研究论述有：刘淑丽等将 GIS 运用于分析热岛与城市规划间的关联关系，介绍了 GIS 在城市规划中的应用和热岛与城市规划的相互关系，利用 GIS 全面分析引起热岛效应的诸多因素，在此基础上构建生态城市建设方案。McCarthy M P 等人认为，温室气体的大量排放是产生热岛效应的主要原因。研究表明，人口增长率高的地区与城市热岛潜力高的地区一致，尤其是在中东、印度次大陆和东非。Toparlar Y 等人对鹿特丹市的热岛效应进行了测量和模拟计算。通过实地测量，再引入 CFD 进行数值模拟，确定了鹿特丹市的热岛分布，他的研究对城市热岛分布的可视化表达奠定了基础。童新华等人以 Landsat8 OLI/TIRS 多光谱和热红外影像为数据源,分析了南宁市城市热岛的时空分布特征,结果显示南宁市存在明显的热岛效应,且热岛效应的分布与土地利用覆盖情况有关,建设用地热岛效应最明显,水体最不易于产生热岛效应。朱明明等分析了城市热岛效应的形成机理,高密度的城市建设是热岛产生的重要原因。

(2)城市热岛的改善,研究了能有效缓解城市热岛的重要措施,如构建绿色基础设施、改善城市绿地覆盖率,通过调整城市建设布局提高通风效率,城市水体空间的运用等。代表性的研究成果有:袁超研究了高密度城市中,城市形态与城市热岛之间的关联关系,以ArcGIS 软件为平台,基于参数研究,提出通过控制建筑密度和调整建筑高度来提高天空视域因子,以缓解高密度城市中热岛效应,这一研究成果为规划师、建筑师及政府管理决策者提供了缓解热岛效应的科学依据。Thani 等人着重研究了景观设计对缓解城市热岛的重要意义,认为通过自然植被的相互作用,可以有效改变城市区域温度。Emmanuel 等认为绿化可以有效缓解城市热岛效应,且通过 CFD 模拟计算量化了绿化对于降低热岛温度的效能,确定增加20% 的植物覆盖将降低地面 2℃以上的温度。Djukica 等人引入了 ENVI-met 工具对城市热岛效应进行量化,同时认为绿化是改善城市热舒适性的重要手段。He B J 等人认为城市通风量的减少是造成城市热岛现象的重要原因之一,合理的城市规划设计可以引导冷空气进入城市,从而缓解城市热岛现象。

第三阶段,立足于规划设计的城市气候调控。这一阶段的研究主要着眼于规划设计对城市气候的能动性影响。主要的研究结论包括:

(1)定性地制定了诸多应对极端天气情况,防御自然灾害的调控措施。这一阶段的研究是在肯定了规划设计对于城市气候重要影响的前提下进行的调控手段的尝试,提出了诸如海绵城市、绿色城市、低碳城市等一系列规划理念。重要的研究成果包括:Geis 提出弹性社区(Disaster Resilient Community,DRC)的理念。骆高远等提出的"屋顶花园""绿地设计"。Mitchell 将新城市主义(New Urbanism)与抗灾害社区联系,主张在新城市主义中包含抗灾害社区设计原则。冷红等研究了极端气候条件对城市空间环境设计的影响。龚兆先等从理论指导层面指出通过合理的城市空间规划与设计可以实现对城市热环境的调节。Blakely 建议对每一个城市区域评估它潜在的风险类型从而制定相应的城市设计方针。鲁渊平等从气象防灾减灾体系建设方面提出了城市气象灾害的防御对策。Henderson 认为应制定减少温室气体排放的相关措施,以改善城市气候问题。里德·尤因等人认为城市开发强度会影响城市气候变化,应建立"疏密有致"的城市。迪特尔·格劳等人提出了生态化城市管理,在景观设计方法中融入工程技术手段以缓解城市气候问题(尤其是暴雨)带来的危机。王祥荣等认为应从城市各个层面提高城市对气候风险的综合防护能力,以应对极端天气带来的气候问题。

(2)综合分析各种气候要素,定量与定性相结合,对城市气候敏感性进行评价、调控。这一阶段已经从政策提倡上升到通过各种技术手段对城市气候问题进行分析,进而采取有针对性的措施。此阶段的研究对于气候问题的调控更具有有效性，但基于此问题的复杂性，对于城市所有气候问题进行综合性的分析以及采用相应的技术手段进行综合治理的研究还较少。重要的研究成果包括：Loibl 等人利用历史气候数据，模拟维也纳未来城市气候问题，在此基础上结合规划设计进行调控。董芦笛等人提出了"生物气候场效应"，以"生物气候场"空间的水热通量平衡为设计核心，建立设计参数指标体系，探索最有益气候效应的设计框架。Ebrahimabadi 等人对城市气候设计制定了一套完整的设计程序，首先利用热舒适指数对研究区域的微气候特征进行评价，再结合影响因素分析其成因，最后立足于规划设计对其进行调控。韩冬青等立足于气候，基于建筑、气候、能耗三者间的辩证关系，提出了绿色公共建筑气候适应性设计的策略和方法。

1.3.3　城市气候要素之风环境要素与空气质量的关联性研究

在污染源不变的情况下，风对于空气质量的重要影响在过往的许多研究中已经得到了证实。通过大量的实测、风洞试验以及数值模拟，得出风速、风向都与空气流通效率之间存在某种关联关系，即风是城市空气流通的动力，且彼此间正相关。随着科学技术的进步，将气象学、空气动力学、环境科学以及城市规划学之间相互融合，对于风环境的研究也更加系统深入。已有研究主要包括风环境评价标准、城市风场计算以及风与污染物扩散之间的关联关系。

（1）风环境评价标准。已有的研究包含风力大小的级数标准、将其与人的活动关联之后的舒适性和安全性标准，以及风对于空气质量影响的能效标准。风力大小的级数标准是对 10m 高度上风力大小的客观描述，风的舒适性与安全性标准当前已有较为成熟的系列成果。1975 年，以世界风工程开拓者 Davenport 教授为代表的一批学者陆续提出了多种行人高度（1.5m）城市风环境评价准则，如 Davenport 和 Isyumov 准则、Hunt 准则、Lawson 准则，这些成果开启了世界范围内对行人高度城市风环境舒适性与安全性的评价研究。1990 年，Ratcliff 和 Peterka 比较了 5 种不同的行人高度城市风环境舒适性与可接受性评价准则。2006 年，欧洲科学与技术研究协会增加了欧洲四国（英国、法国、丹麦、荷兰）已执行的城市风环境评价标准。随后，荷兰标准研究所与 8 个荷兰城市、3 个风洞研究所以及许多其他部门合作，制定了风环境评价标准 NEN8100。2013 年，Blocken 等发表了最新的城市风环境舒适性与安全性标准。对这些标准进行比较，得出的结论是它们的评价一致性较差，即不同的行人高度（1.5m）层面的城市风环境标准在评价不同的城市区域时得到的结果往往不同。行人层面风速超过 5m/s 的阈值范围的概率被当成评价风舒适性的标准，大概率被认为是欠舒适的，因此，5 个风舒适性等级（A~E）被用来定义这些概率的功能。此外，公共场所中风舒适性依据三种不同的活动（穿越、漫步以及停留坐下）被评估为低质量的、中等的以及良好的三个等级。风力对于行人的危险平均风速阈值为 15m/s。

舒适性标准：P（$U > 5\text{m/s}$）$< P_{\max}$，P 表示概率，U 是 1.5m 高度区域平均风速（表 1.2）。

可接受的风舒适性的最大概率值　　表1.2

P_{max}（$U \geq 15m/s$）小时/年	分级	活动		
		旅行	散步	静坐
< 2.5	A	适宜	适宜	适宜
2.5~5	B	适宜	适宜	适度
5~10	C	适宜	适度	不宜
10~20	D	适度	不宜	不宜
>20	E	不宜	不宜	不宜

来源：Willemsen et al., 2007

安全性标准：P（$U > 15m/s$）< P_{max}，P 表示概率，U 是1.5m高度区域平均风速（表1.3）。

可接受的风安全性的最大阈值　　表1.3

P_{max}（$U \geq 15m/s$）小时/年	对于任何活动都是危险的
≤ 0.3	有风险
>0.3	危险

来源：Willemsen et al., 2007

自21世纪初，很多学者开始意识到对城市区域空气质量的判定需要用相应的指标进行表征。已有的城市空气质量判定指标，包括空气延迟、空气龄、空气交换速率、城市透气性、污染交换速率等，见表1.4。这些指标一类通过空气从一点流通到另外一点需要的时间表征，另一类通过空气交换带来的污染物浓度的变化进行表征。

城市空气质量相关判定指标　　表1.4

指标	文献	关注点
空气延迟	Antoniou et al., 2017	空气持续时间
空气龄	Hang et al., 2011	空气持续时间
空气交换率	Xie et al., 2006	换气水平
城市透气性	Neophytou et al., 2005	换气水平
污染交换率	Liu et al., 2005	污染浓度分布
污染交换速度	Buccolieri et al., 2015 Liu et al., 2005 Cheng et al., 2008	污染浓度分布
交换速度	Bentham and Britter, 2003	污染物去除率

这些指标的出现为密集地区城市区域空气质量的量化奠定了基础，但是因为其不直接与气候要素中的风场要素联系，因此在具体的使用上显得较为复杂和困难。对于理想的城市模

型，这些指标能较好地进行模拟判断，但是对于现实的城市区域却难以快速地表征与测定。因此研究试图将风与空气质量直接关联，方便测定与计算。

（2）关于城市风场计算。现有的风场计算，较为成熟的方法有：运用于大中尺度上的WRF（Weather Research and Forecasting model）软件以及运用于城市中小尺度上的CFD软件。本研究采用的是CFD软件，主要研究CFD在城市风场计算中的应用。自20世纪70年代以来，CFD技术开始广泛运用于城市风场模拟，以Rivas、Yuan、Blocken等人为代表的学者对CFD技术在城市风热环境模拟上的运用进行了持续深入的研究，国内学者较早使用CFD技术进行城市风场模拟的有李鹍、余庄、傅晓英等人。基于其准确、高效的模拟计算功能，CFD至今仍然是城市局部区域高精度风热环境模拟的首要工具。大量的研究表明，在兼顾计算资源与精度的前提下，最适宜于城市中小尺度上的CFD湍流模型为RANS模型，计算网格为非结构网格（表1.5）。随着计算机技术的进步，CFD-LES模型以及结构网格也开始逐渐运用于城市尺度风热场的计算中。具有代表性的研究成果包括：余庄等将CFD技术引入城市风场模拟中，将复杂的城市模型化处理，简化掉城市复杂的地形地貌，实现对城市风场的可视化模拟，研究城市建设对城市气流特征的影响。马剑等人运用CFD技术对单个和多个建筑周围风环境进行计算。傅晓英等将CFD技术应用到规划的建筑群体中，认为运用CFD技术能经济、准确地对城市建筑群的微气候特征进行模拟。李磊等人将CFD用于复杂地形风场的精细模拟研究，对于其在复杂地形上的参数设计、误差进行了分析。Blocken对荷兰埃因霍芬理工大学进行了风场模拟计算，并将结论与风洞试验进行对比。Houda等人使用CFD计算模拟阿尔及利亚盖尔达耶具体城市肌理周边的风流场状况，用CFD来预测复杂建筑环境以及复杂建筑肌理结构的空气质量。Lau等将CFD方法运用于城市风环境和自然通风问题的研究，试图解决由于缺乏自然通风而导致的环境问题和健康伤害问题，通过两个案例的风环境模拟进行了说明。

（3）风与空气污染关联性研究。风与空气质量的关系研究最早属于气象学上的研究内容，即风作为大气环流的重要动力，对空气中污染物具有搬运作用，这也是空气自净能力的表达。主要的研究成果包括城市冠层内污染物随风压扩散的规律，城市不同空间风对污染物的扩散影响。1997年，Tominaga等人引入CFD技术对城市街区微尺度的污染物输送扩散问题进行了数值模拟，重点关注风压对汽车尾气污染物的扩散影响。2001年，Chang等人研究了热压与风压共同作用下污染物扩散的规律。2006年，Mumovica等人使用CFD代码监测管理城市空气质量，通过综合城市路网的交通流数据，污染物扩散数据，开发了英国格拉斯哥城市中心的空气质量监测模型。2014年，Yuan等人研究了高密度城市形态与污染物扩散的关联，综合论述了规划设计对风场的影响进而作用于污染物扩散的理论。

国内学者在本领域的研究也取得了一些比较重要的成果。2002年，金颖尝试用Fluent模拟计算高架污染源扩散问题，证明Fluent可以合理地模拟出单点高架源排放造成的污染扩散问题。2003年，程雪玲运用Fluent模拟计算了街道峡谷污染问题，并且将模拟结果与风洞试验进行了比较验证，结果显示，风场与污染物浓度扩散之间存在某种对应关系，风洞试验的

表1.5

研究	尺度	几何模型	湍流方程	网格	验证手段
Rivas et al., 2019	城市、邻里尺度	标准简化模型	CFD–RANS	非结构网格	实测
Yuan et al., 2019	邻里尺度	标准简化模型	CFD–RANS	结构网格	风洞试验
Kikumoto et al., 2018	街道尺度	标准简化模型	CFD–LES	笛卡尔网格	实测
Lau et al., 2018	邻里尺度	标准简化模型	CFD–LES	笛卡尔网格	风洞试验
Cui et al., 2017	建筑尺度	标准简化模型	CFD–RANS	结构网格	风洞试验
Hong et al., 2017	邻里尺度	真实模型	CFD–RANS	非结构网格	实测
Azizi et al., 2017	邻里尺度	标准简化模型	CFD–RANS	非结构网格	实测
Antoniou et al., 2017	邻里尺度	标准简化模型	CFD–RANS	非结构网格	风洞试验
Miguel et al., 2017	建筑尺度	标准简化模型	CFD–RANS	结构网格	风洞试验
Chen et al., 2017	邻里尺度	标准简化模型	CFD–RANS	结构网格	风洞试验
Hang et al., 2017	街道尺度	标准简化模型	CFD–RANS	结构网格	风洞试验
Badas et al., 2017	街道尺度	标准简化模型	CFD–RANS	结构网格	实测
Dave et al., 2017	城市尺度	真实模型	CFD–RANS	非结构网格	实测
Kubilay et al., 2017	街道尺度	标准简化模型	CFD–RANS	结构网格	实测
You et al., 2017	建筑、邻里尺度	标准简化模型	CFD–RANS	结构网格	风洞试验
Cui et al., 2016	邻里、街道以及室内尺度	标准简化模型	CFD–RANS	结构网格	风洞试验
Park et al., 2016	街道尺度	标准简化模型	CFD–RANS	结构网格	风洞试验
Cammelli et al., 2016	城市尺度	真实模型	CFD–RANS	非结构网格	风洞试验
Ying et al., 2016	建筑尺度	标准简化模型	CFD–RANS	非结构网格	实测
Qian et al., 2014	建筑尺度	标准简化模型	CFD–RANS	非结构网格	实测
Chao et al., 2014	城市尺度	真实模型	CFD–RANS	非结构网格	风洞试验
Miao et al., 2013	城市尺度	标准简化模型	WRF & CFD–RANS	非结构网格	风洞试验
Blocken et al., 2012	邻里尺度	真实模型	CFD–RANS	非结构网格	风洞试验
Panagiotou et al., 2013	邻里尺度	真实模型	CFD–RANS	非结构网格	风洞试验
Hang et al., 2012	城市、邻里尺度	标准简化模型	CFD–RANS	非结构网格	风洞试验
刘滨谊, 2018	街道尺度	标准简化模型	CFD–RANS	非结构网格	实测
李磊, 2010	城市尺度	标准简化模型	RAMS & CFD–RANS	非结构网格	实测
余庄等 2007	城市、邻里尺度	标准简化模型	CFD–RANS	非结构网格	实测
傅晓英等 2002	建筑、邻里尺度	标准简化模型	CFD–RANS	非结构网格	实测

注：RANS = Reynolds–averaged Navier–Stokes，雷诺平均Navier–Stokes方程；LES = Large Eddy Simulation，大涡模拟。

数据与数值模拟的结果吻合度高，证明了用Fluent进行模拟计算的准确性。另外，她比较了污染物在"开放街区峡谷"与"城市街区峡谷"的扩散状态差异，得出了"城市街区峡谷"比"开放街区峡谷"污染物扩散能力弱，这是因为其内部湍流运动形成的气流漩涡结构差异造成的。2004年，李磊等人利用Fluent模拟计算了两种风向下街道十字路口污染物扩散分布情况，选取的湍流模型为 k-ε RNG 模型。通过定性分析污染物在十字街道口的分布特征，证明了数值模拟结果的合理性。Li 等人进一步研究了风环境与热环境对城市街谷污染物扩散能力的影响。研究显示，风速的大小是影响街区谷地污染物扩散的重要原因，在无风或静风的条件下，街谷底部的热效应也会影响污染物的扩散，即街谷底部与上方空气的热力差会导致街谷内部空气环流增强，达到驱散污染物的作用。Li 等人还分析了街谷环流特征的影响因子，包括：街谷高宽比，风速以及热力。当街谷高宽比不变时，风速对于污染物的扩散占据主导，但是风速存在一个临界阈值，当风速小于此阈值时，街谷污染物扩散将不依赖于空气动力学作用，而主要依赖于热力造成的环流运动。

可见，风、热环境因素都是影响城市污染物扩散的重要因素。随着 CFD 技术结合大气污染扩散模型的运用，这方面的研究将更加深入准确，研究可以深入到城市微环境的局部区域，高精度、可视化显示污染物在建筑物周围和街区上空的输送和扩散规律。

1.3.4 空间设计与城市通风效果之间的关联性研究

关于空间设计与城市通风效果的关联性研究主要包含以下三个研究内容：

1. 城市通风廊道的建设

城市通风廊道建设是立足于设计改善城市通风的重要尝试。1979 年德国学者 Kress 最先基于局地环流理论制定了下垫面的气候功能评价标准；20 世纪 80 年代至 90 年代末，我国气象学家提出要将郊区新鲜空气引入城市的思路；发展至今，城市通风廊道建设已经从最初的经验识别、结合主导风向的概念性规划到现在的借助于定量分析软件 WRF、CFD 等进行城市风廊通风效能计算。重要的研究成果包括：周雪帆等人利用 WRF 软件对贵阳市城市风场进行了计算，在此基础上结合绿地、水系、路网实现对贵阳市通风廊道的构建。Ren C 等人明确了通风廊道的建设对于城市空气质量的重要意义，认为应制定统一的通风标准和建设指南指导城市风道建设，创建会呼吸的城市。Gu K K 等人提出一个全新的通风廊道构建模型，即通风廊道规划模型。认为应站在城市尺度建立城市通风廊道，结合 GIS 系统构建了通风廊道规划模型，并用 CFD 技术对通风廊道规划模型准则进行了验证，与传统的 CFD 模型相比，新提出的通风廊道规划模型具有更高的精度，此外，应用通风廊道规划模型可提高通风廊道建设的效率。2021 年，莫尚剑等人认为应结合景观设计构建城市通风廊道。研究采用 WRF 模型定量分析了绿地对于城市通风的影响，在此基础上分析城市绿地的通风潜能，指引城市风廊构建。

2. 设计要素与城市通风的关系研究

设计作为改善城市局部风场的重要手段，对于它们之间规律性的研究是近年的研究热点。虽然关于设计要素完整体系与城市通风之间的关联性结论并不明确，但是对于个别的设计要素与城市通风之间的关联性影响已经有了部分成果。具体包括：建筑平面形式、布局方式对城市通风效果的影响；城市形态对城市通风效果的影响，城市开发强度（高度、密度、容积率）对城市通风效果的影响，城市布局对城市通风效果的影响，不同的绿化形状对城市通风效果的影响，城市路网对城市通风效果的影响，这些研究都采用了一些量化评价指标来定量分析通风效果，并且对不同的要素进行参数化处理，以便寻求两者之间的规律。任超、吴恩融等人认为基于热压、风流通潜力及风环境信息三方面的分析，利用建筑楼宇和城市规划的信息，将城市气候、城市形态及规划要素综合，制定了中国香港城市设计指引中的空气流通指南，成为相应的城市规划标准与准则。应小宇等人对比研究了高层建筑群平面布局类型对室外风环境的影响。依据研究结果，为避免强风或静风，对未来的高层建筑布局提供了设计参考。McCarty 等人对美国城市形态和空气质量之间的关系进行了研究，利用城市景观要素框架，实证研究了零星分布和扩展蔓延的城市形态与低质量空气之间的关联，开发了一个计算程序用来纠正美国城市景观要素上的偏差。在控制人口变量和经济活动的基础上，发展类型和模式与污染水平之间有密切的关系。You 等人提出了用三个通风效率指标（Net Escape Velocity，NEV；Visitation Frequency，VF；spatial mean Velocity Magnitude，VM）量化不同区域空间设计改变对通风效率的影响。CFD 技术被用来计算上面提到的通风效率指数。研究了不同建筑长度、横向间距和布置方式对四种典型空间模式在斜向或垂直于主（长）建筑立面的风环境上的影响。模拟结果证明 NEV、VF 和 VM 对于通风效率是有效的指标，它们能反映研究区域流场形式及特征，初步的参数研究表明，风向可能是改善空间通风的最重要因素，当主建筑立面与风向夹角大于 30° 时，不同外部空间的通风可明显改善。Wang 等人使用大涡模拟研究了 48 个参数化的城市场景，包括规划参数的各种组合，结论显示地面覆盖率、建筑高差以及城区的均匀性是影响城市通风的重要因素。Azizi 和 Javanmardi 利用 CFD 模拟研究了城市街区形式对德黑兰 Sanayee 社区自然通风性能的影响。城市街区高度和附属道路宽度是影响城市通风的两个主要因素。Gülten 等人确定了四种不同的城市结构简化形式，以空间平均风速比作为通风效率评价参数，对每种城市布局进行通风效率计算，结果显示方形平面布局形式城市通风效率最高，不规则平面且带有附属建筑的平面布局形式通风效率最低。Peng 等人系统地分析了高密度城市建筑高度、容积率、形态、密度变化引起的风速、风向和空气污染物浓度的变化，探讨了通过优化城市形态，控制风环境，促进污染物有效扩散的空间规划策略。对不同建筑形态的住宅区街道的通风进行了数值研究，为居住区环境可持续发展的城市街道设计提供建议。

3. 采用规划设计手段对城市通风效果进行优化

这一部分的研究主要集中于几个层面：①构建风道，这一部分的研究已经在本节第 1 条进行了归纳，这里不做赘述；②控制城市开发强度、制定相应的调控策略；③从城市绿化水体层面，构建城市良好通风。代表性的研究成果有：Lau 等人将 CFD 方法运用于城市风环境和自然通风问题的研究，试图解决由于缺乏自然通风而导致的环境问题和健康伤害问题，通过两个案例的风环境模拟进行了说明，第一个案例是关于社区大厅的通风效果模拟，第二个案例是针对中国香港典型的城市布局，高密度以及多裙房的布局环境，如何通过风环境模拟改变布局实现良好的通风要求。提出的创新性策略也可适用于其他类似通风问题的个案。Ashie

等人利用 CFD 技术对东京湾区域进行气候敏感性设计，目的在于试图增加城市通风来缓解城市热效应。数值计算结果表明，建筑物覆盖面积减少 $1hm^2$，温度在 30℃ 以下的区域增加了 $12hm^2$。Gallagher 等人希望通过对建筑环境中的气流和污染物运输模式的了解来保护居民健康，开展了关于"建筑设计如何才能改善居民生活环境的空气质量"的研究，证明了在建筑环境中通过影响空气流动模式可以减少个人暴露在污染环境中的可能。这种影响模式被分成两个不同的类别：多孔布局和固体遮挡，多孔模式包括布置树木和植被，固体遮挡则包括采用隔声屏障、低边界墙等方式。实验和模拟研究提供了在不同的城市空间形态和气象条件下这些布置对改善空气质量的潜力，然而，这些研究结果与实际测量结果的差异性又显示了模拟城市地区污染物运输的复杂性。Cammelli 等认为 2003 年 SARS 暴发，引起了全球对主要城市低效通风的关注。香港特别行政区政府为新的总体规划开发了一个强制通风评估框架，目的是保证团块化的新发展，特别是为街道层面增加空气流通性设计，避免空气中的污染物停滞聚集。到 2020 年，中国有超过 60% 的人居住在城市，这个框架将被广泛运用，而不限于香港，文献介绍了从空气动力学角度关注建筑间的空气流，为改善和增强人行层面的室外空气流通提出了一系列的措施。Hankey 等论述了城市形态、空气质量以及健康之间的关联，首先综述了规划设计与健康有关的研究成果，其次评估了城市形态、空气污染和健康之间的关系，最后提出了紧凑发展理念，辅以适当的绿地设计将有效改善区域空气质量，并对此措施进行了一系列的实践验证。

1.3.5 研究总结以及对本研究的支撑

借鉴学者们已有的理论以及实证研究成果，得出以下结论：

1. 气候与城市规划设计的关联性研究板块

气候与城市规划设计之间的双向互动由来已久，并随着人类科学水平的进步而产生出了不同的互动结果，从顺应气候、强力改造气候到设计与气候的相辅相成。在此过程中，人们得出了不同的气候特征对城市规划设计的影响规律，认清了不利的规划设计会带来持续恶化的城市气候问题，明确了设计对城市气候的改善能力。

研究存在的不足：首先，关于设计对城市气候的能动性改进方面，大多从理论政策上进行提炼，具体的实施步骤也多从经验入手，缺乏通过定量研究手段获取设计要素系统与气候要素之间的明晰规律，进而全面系统地通过设计实现对气候的优化。各个气候要素的研究也并不均衡，对于城市热环境的研究较为深入，从城市热岛的识别、判定以及优化改进都有一系列可用的定量方法，并且在大量的实际城市中进行了实践。

对于本研究的支撑：规划设计手段会影响局地城市气候，此结论是本研究的基础；关于城市热岛的研究，给本书提供了完善的研究思路与实施步骤。

2. 风与城市空气质量的关联性研究板块

在污染源不变的情况下，风是加速空气流通，改善空气质量的重要动力，过往的研究总结了风环境在各个方面的评价标准，找到了兼具效率与准确性的风场计算方法，结合气象学、环境科学等多个学科探寻了风对于空气中污染物的影响规律。

研究存在的不足：关于城市尺度的风场计算大多采用的是非结构网格且不考虑地形，这在一定程度上影响了研究结果的准确性。关于通风效率的判定指标，研究已经意识到对城市通风效果判定的重要性，因此已经有一些判定城市通风能效的指标，包括城市透气性、空气延迟、空气交换效率、污染交换效率等。然而，这些指标在实际运用上较为复杂，对于密集的城市区域，多变的气候因子更是难以界定。另外，由于这些指标判定条件的差异，它们对同一研究对象判定结果不具有一致性。

对本研究的支撑：风环境能效评价指标的不足是本研究的切入点，简易快捷的通风效率判定指标成为实际运用中迫切需要完善的内容。完整的风场计算方法与参数设定建议为本研究的风场数值模拟提供了参考，本书在此基础上尝试将结构网格引入城市尺度风场计算中，这在一定程度上提高了风场计算的精度。

3. 设计与城市空气质量的关联性研究板块

城市通风廊道的建设是基于设计手段改善城市通风的重要实践内容，众多的学者和规划师们开始将城市通风优化作为规划设计实现的目标之一。研究总结了规划设计要素对城市通风的影响规律，并尝试从定量的层面明确设计要素对城市通风效果的具体影响，进而立足于规划，实现城市的良好通风，以促进城市空气质量的改善。

研究存在的不足：囿于对城市所有要素指标参数化设计的困难，已有的关于设计要素与城市空气质量的关联性研究着眼于设计的某一方面或者某几方面，没有构建一套完整的设计要素与通风效果关联性研究体系，也没有对各个要素指标对城市通风效果影响的强弱进行定量界定，因此不能很好地对实践中的规划设计给予指导。关于设计对城市空气质量的优化板块，现有的优化措施大部分基于经验性总结，在实践中尝试通过规划设计手段对局部空气质量进行改善，没有从全局最优化角度进行整体的优化设计。

对于本研究的支撑：已有的设计要素与城市空气质量关联性规律研究的方法与结果为本研究提供了借鉴。其中，研究筛选出的对空气质量有重要影响的设计要素因子，成为本书基于影响空气质量的规划设计要素因子系统构建的参考。本研究试图构建相对完整的城市规划设计要素系统，将其与城市空气质量相关联，获得城市规划设计要素影响空气质量的确切性规律，得出空间设计要素影响空气质量的贡献排序，为通过设计改善城市空气质量奠定基础。

1.4 研究内容

1.4.1 整体框架与技术路线

研究的整体框架及技术路线如图1.3所示。首先，提出问题，即空间设计要素与空气质量之间具体的响应关系。在污染源不变的前提下，有效的通风会影响城市中空气质量的优劣，

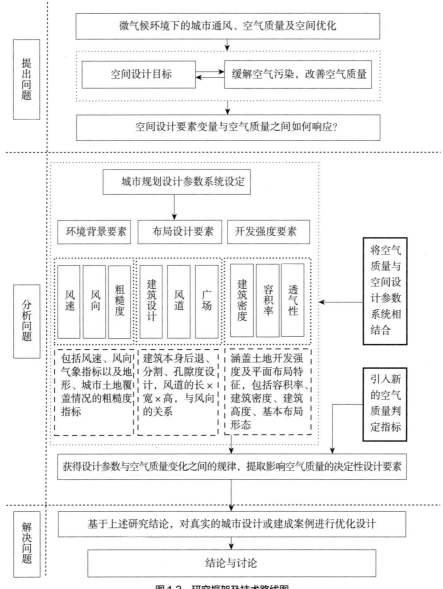

图1.3　研究框架及技术路线图

设计布局的改变会影响气流流动进而影响空气质量，空气流动（风）与空气质量之间存在何种具体关联，设计布局与空气质量如何借助于空气流通效率进行量化评价及优化。其次，分析问题，通过提取城市规划设计中的各设计要素，建立基于有效改善城市空气质量的参数化系统，即被动式城市设计参数化系统，通过改变设计参数因子值，采用计算模拟方法，获取各设计要素变量与城市通风效果（城市空气质量）之间的变化关系，最终通过对参数系统要素的相关性分析，得出各影响要素与城市空气质量的关联性系数，确定这些要素因子变量中的决定性因子。最后，解决问题，将得出的决定性设计要素因子的结论运用于修正实际的城市规划或者城市设计方案，通过对城市局部区域规划建设的优化，达到缓解空气污染，改善整体城市空气质量的目标。

1.4.2　具体研究内容

整个研究在于通过改变城市规划设计要素因子实现空气质量的改善。其中规划设计要素因子为变量，城市通风效果为桥梁，优质的空气质量为目标。彼此之间相互作用，规划设计要素作用于城市通风效果，城市通风效果又影响城市空气质量。

本书一共分为 7 章，具体内容如下：

第 1 章：绪论。主要介绍当前城市空气质量的现状及特征，重点阐释了雾霾天气、频发的公众卫生事件对人的健康的影响，以及当前规划设计手段对于城市环境质量改善的低效。引出了通过设计手段改善城市空气质量的研究，既是当前城市建设的热点也具有很强的实用价值。然后，界定了研究对象、对重要的概念进行了释义，并明确了研究的目的及意义。梳理相关研究进展，主要包括气候与城市规划关联性研究发展脉络、城市风环境与城市空气质量的相关性规律，以及规划设计要素与城市空气质量的关联性研究成果三大部分。其中，城市气候发展脉络包括适应性气候要素研究阶段、城市气候研究阶段、城市设计与城市气候关联性研究阶段。城市风环境与空气质量关联性研究阶段包括城市风场计算方法、风与污染物扩散规律等。空间设计要素与城市空气质量的演进研究部分则重点整理收集关于规划设计要素与城市空气质量关联关系的研究内容。

第 2 章：城市通风设计原理。主要包含大气物理学、环境科学、流体力学以及城市规划学与本研究主题交叉后提供的理论背景，引申出研究主体的理论合理性以及方法上的可实施性。

第 3 章：城市风环境的数值模拟方法。本书采用了实地测量与数值模拟相结合的研究方法。本章重点介绍了研究所使用的数值模拟方法，具体包括数值离散化方法介绍、边界条件设定、湍流模型选取以及计算方法与风洞试验数据的对比验证。研究通过多个湍流模型以及参数设定比较，选取了兼顾准确与效率的 RANS 方法作为本研究的数值模拟方法。

第 4 章：风与污染物扩散效率对应关系研究——临界风速的确定。本章建立了风速、污染物浓度以及时间效率之间的关系模型，通过大量的样本计算，得出最大概率实现有效通风的临界风速值域。此标准的提出，旨在能够快速地通过风速云图获得城市局部区域空气质量的优劣分布，是一种简易便捷的空气质量判定方法。

第 5 章：城市设计要素与空气质量相关性研究。基于上一章的结论，本章将设计要素与空气质量进行了关联。首先，选取对城市通风性能影响明显的规划设计要素，建立改善城市通风的城市设计要素系统，包括三大子系统，城市环境背景要素系统、城市布局设计要素系统以及城市开发强度要素系统。然后，通过对这些子系统中具体的要素因子的参数进行改变，找出设计要素因子改变之后带来的城市通风效果（即城市空气质量）的变化规律。最后，采用相关性计算方法，获得各要素因子与城市空气质量的相关性系数，并进行相关性影响排序，进而实现通过精确改变规划设计要素中某一个或几个要素来缓解优化城市局部区域空气质量的目标。

第6章：城市空气质量评价及优化实践。研究选取了3个案例，即重庆市沙坪坝三峡广场、新疆乌鲁木齐钻石城广场设计方案以及4栋标准住宅方案。其中，对重庆市沙坪坝三峡广场案例的研究是结合实测与数值模拟两种方法的。首先，通过实测得出风环境与污染物浓度分布的关系，验证了数值模拟方法的准确性；其次，基于第5章的研究结论对三峡广场的空气质量进行经验性优化设计，研究结果显示，通过空间设计要素的局部调整可以有效改善广场区域的空气质量。对新疆乌鲁木齐钻石城广场6个设计方案的研究，一方面证明了广场空气质量与设计要素之间的关联关系，另一方面同样是基于第5章的研究结论对其中一个方案进行了优化设计，目的在于验证第5章结论的准确有效性，同时也表明对待建方案设计之初进行某一目标的优化设计将避免方案建成之后的诸多问题，为后续的规划设计提供了新思路。对4栋标准住宅模型的优化设计，是将一种全新的智能优化设计方法运用到城市空气质量优化设计中，此案例的研究是一种数值优化的尝试，旨在将人工智能的概念引入城市规划设计之中。

第7章：总结与展望。主要对本书的研究工作和创新性贡献进行总结，并针对本书研究的不足提出了后续的研究设想。

1.5 研究方法

科学研究需要采用相应的方法才能完成既定的研究目标，根据研究需要，本书拟采用的研究方法包括：

（1）文献综合法与个案研究法。主要在综述研究部分运用，通过大量文献资料的阅读、整理，全面、正确地掌握当前此研究课题的研究阶段以及研究成果，并对其中最具代表性的个案进行深入细致的分析，便于为本研究提供理论支撑以及创新性的切入点。

（2）定量分析与定性分析法。研究的定量分析法主要有数值模拟与实地测量，主要用于风速、空气质量以及规划设计之间的定量关系研究，包括模拟、优化、回归分析、数据拟合等。定性分析方法主要在定量研究成果的基础上寻找其中的规律和特征，为本书结论的提取提供依据。

（3）跨学科研究方法。科学在高度分化中也高度综合，彼此借鉴融合将能得到更全面、更有实际意义的结果，本书主要对大气物理学、气象学、流体力学以及城市规划设计方面的知识进行了交叉综合。

这里不对每一类方法做详细的论述，在第3章中会列出运用于本研究的具体的方法步骤与模型方程。

2 城市通风设计原理

本研究综合了多个学科门类，立足于城市规划，借鉴气候学、大气物理学、流体力学等学科知识，分析了城市空气污染产生的原因，探讨了污染物在大气中扩散稀释的过程，借鉴了流体力学在城市环境模拟方面的经验，为城市通风设计提供了理论支撑，也为基于城市规划设计手段改善城市通风，优化城市空气质量提供了方法上的途径。

2.1 气候学相关理论

2.1.1 相关概念释义

依托于主要的研究内容，对重要的概念进行解释，充实研究的理论依据。主要的概念包括：雾和霾、大气边界层、城市边界层、大气湍流以及城市风场。其中，本书确定的空气中的主要污染物为大气中的颗粒物，表征为细菌、雾和霾等。本书选定的研究范围是城市微环境，需要对垂直方向上的边界层进行界定，在大气环境中，越靠近地面，大气中的湍流变化越明显，本书选定的1.5m高度即为大气输送运动受地面粗糙度影响强烈的区域。本书主要讨论的是风给大气运动带来的影响，进而影响空气中污染物的扩散效率，因此还需要对城市风场，大气湍流运动进行定义。

1. 雾和霾

雾是一种气溶胶系统，其主要组成成分为悬浮在空气中的微小水滴或冰晶，是近地面层空气中水汽凝结（凝华）的产物。雾主要受空气的温度和湿度制约。形成雾的途径为：近地面空气降温和增湿。

霾也是一种气溶胶系统，但是其主要组成成分为非水成物。主要成分有矿物尘、海盐、硫酸与硝酸微滴、硫酸盐与硝酸盐等。霾会让大气浑浊，视野模糊并导致能见度恶化。当水平能见度小于10km时，这种非水成物组成的气溶胶系统造成的视程障碍即称为霾。

雾和霾的产生，决定性的控制因素就是气象条件。即便是同一污染源，由于气象条件的差异，也会造成空气中污染物浓度的差异。这是因为不同的气象条件，大气对污染物的扩散稀释能力的差异导致的。

2. 大气边界层

大气边界层也称为行星边界层、摩擦层。指受地球表面热循环、蒸腾作用最为明显的垂直气层，厚度从数百米到数千米不等。大气边界层是一个多层结构，大致可分为三层：黏性副层、近地面层以及上部摩擦层（又称为埃克曼层）。其中，黏性副层是紧靠地面的一个薄层，该层内分子黏性力远大于湍流切应力，其典型厚度小于1cm，在实际问题中可以忽略；近地面层从黏性副层到几十米的高度，这一层大气呈明显湍流性质。本书主要研究近地面层的污染物在风场作用下的扩散规律。

3. 城市边界层

城市边界层，即城市冠层。指受城市下垫面特征（包括粗糙度的增加、地面热容性能与热释放量的改变）影响最明显的那一层气流。城市下垫面与气流的相对运动以及热量与物质的频繁交换都会影响边界层中大气的运动，进而影响大气污染物的输送与扩散。因此，对城市冠层中大气湍流运动规律的研究对于提高城市通风效率，缓解城市污染具有重要意义。

4. 大气湍流

大气湍流是气流在三维空间内随空间位置和时间的不规则涨落。伴随气流的涨落，温度、湿度以及大气中各种物质属性的浓度及这些要素相互作用产生的影响都呈现为无规则涨落，大气湍流通常为高雷诺数湍流。大气湍流对云滴、冰晶的增长与破碎，电磁波、声波在大气中的传播都有重要影响。

5. 城市风场

地面粗糙度会影响城市垂直风速廓线（图 2.1）。地面粗糙度越大，作用于空气的摩擦力越大，影响层的厚度增加，风速廓线变缓。一般情况下，城市风速廓线变化由地面粗糙度 z_0 以及位移高度 d 共同决定。计算方法一般采用 Gifford 的经验公式：

$$z_0 = \frac{h_b}{2A} \tag{2.1}$$

$$d = \frac{h_b}{A^{0.3}} \tag{2.2}$$

式中，h_b 为建筑物平均高度（单位：m），A 为研究某区域的总面积与该区域建筑物迎风截面积之比。

由于城区下垫面粗糙度的影响，气流从乡间平坦地面吹向城市高楼林立的粗糙地面时，风场结构会发生改变，这种改变体现在风速与风向上。①风速减弱。风由平坦地面（粗糙度较低）向城市区域（粗糙度较高）吹入，风速约降低 30%~40%，在 10m 高度上统计，城区平均风速只有乡村的 50% 左右。这种风速减弱现象还受大气层结构稳定度影响，大气层结构越稳定，这种现象越明显。②风向改变。城市建成区粗糙度的变化会改变来流风向，即当风遇到障碍物，风向会发生偏转，偏转方向可达 ±30°。城市下垫面的动力学效应受建筑物影响，

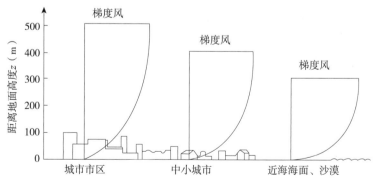

图 2.1 地面粗糙度对风速廓线的影响

来源：盛裴轩 等，2013

建筑物的存在，整体上会减小风速，改变气流方向，且可能在局部形成特殊气流分布，如建筑物尾流、街区峡谷效应等。

地面风场对大气污染物传输、稀释、扩散影响显著。具体影响表现在两个方面：①风对污染物的水平搬运作用，即风可以将排入大气中的污染物输送到其他地区，风速越大，污染物被传输得越快越远；②风能有效稀释空气中的污染物，在污染物被风搬运的过程中，不断有干净空气混入，使得污染物不断被稀释，最终变成干净空气。

2.1.2　大气中污染物搬运沉降原理

1. 污染源

污染源又称为污染物排放源，分为自然源与人工源。自然源主要包括由火山、山林火灾造成的粉尘、烟雾以及含硫海雾等。人工源则是指由于人类一系列生产、生活活动产生的粉尘、烟雾、氮氧化物、硫化物等，其中，人工源是空气污染的主要来源，常见的污染物成分有：$PM_{2.5}$、SO_2、NO_2 等。污染源按排放位置可以分为移动源与固定源，固定源主要指固定烟囱排出的污染物，移动源则是来源于车、船、飞机等交通工具。按排放高度可以分为高架源与地面源。按照污染源的扩散属性可以分为点源、线源、面源以及体源。城市中主要考虑的污染源包括四类：①孤立高架源。这类源排放烟流具有热浮力性质，可以抬升至几百米，因此采用烟流抬升公式进行扩散计算。②孤立的低矮工业烟囱排放。这类污染源的扩散主要考虑烟囱附近建筑物增强湍流而造成的污染物下沉混合。③面源排放。这类源的扩散比较复杂，一般基于高斯烟流方程，在此基础上进行积分来计算。④流动源排放。这类污染源随时间变化明显，且与城市交通有关。

2. 空气污染的形成

空气污染扩散过程：污染物自污染源排放到空气中，经大气输送与扩散，且在大气输送与扩散过程中不断发生迁移变化以及清除影响而到达接受体，如图 2.2 所示，这一过程被称为大气污染扩散途径，其涵盖不同尺度，小至几百米，大至区域、洲际乃至全球性尺度。

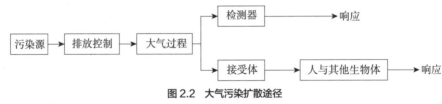

图2.2　大气污染扩散途径

来源：盛裴轩 等，2013

任何情况下，大气层总是把污染物从源地输送到接受体，这是一个循环的完整体系，且在大多数情况下，它能把污染物扩散稀释到人类可以承受的水平，即大气具有自净功能。因此在漫长的人类历史中，虽不断地产生污染物，却也依然能获得洁净清澈的空气。但是大气的自净能力受多方面因素的影响，当污染物排放速度远远超过大气污染扩散与稀释效率时，环境空气质量就会受到很大损害，形成大范围的空气污染。综上，空气污染是指：由于自然或人为的原因导致大气组成成分、结构和状态相较于初始的状态发生了变化，这种变化主要指空气中污染物浓度增加，对人的健康产生了危害。因此，构成空气污染的三要素是：①污染源；②污染物排放到大气中达到一定浓度；③空气中污染物的浓度对人的健康产生了影响。

环境容量与容许排放量如图 2.3 所示。自然界的净化能力决定了环境容量，气象条件、污染源特征、地形条件以及其他影响共同决定了容许排放总量。要满足一定的环境目标值，就需要让污染物排放量在容许排放量之内，即与环境容量相适应。污染物的排放量必须在容许排放量之内，才能不影响环境目标。要缓解空气污染问题，一方面要尽量减少或消除空气中的污染物；另一方面则要充分利用大气环境的自净能力，兼顾发展与环境保护的平衡。空气污染问题在污染源恒定的情况下与气象要素密切相关，空气污染物扩散的研究与大气科学的许多基本理论和应用有关，运用气象学原理与方法研究并处理空气污染问题是可行且有效的。

图 2.3　环境容量与容许排放总量
来源：盛裴轩 等，2013

3. 空气污染扩散基本理论

空气中污染物的扩散主要是在大气边界层的湍流场中进行，也就是说，空气污染物的扩散过程就是大气输送与扩散的结果。因此，空气污染物扩散的理论就是从大气湍流扩散的基本理论出发，对空气污染物的扩散过程进行正确的数学物理模拟。

欧拉方法和拉格朗日方法是描述大气输送与扩散的两种基本方法。欧拉方法不考虑流体粒子本身的移动，而是在固定的坐标系中，设置某些固定的监测点，考虑在不同时刻粒子经过这些固定点时的变化情况，以此研究污染物扩散运输的规律。拉格朗日方法则是直接研究流体粒子本身的变化情况来研究污染物的运输扩散规律。两种方法采用不同的数学表达式，都能正确地描述湍流扩散过程，但两种方法在模拟精度上都有一定的缺陷。基于拉格朗日支配方程的复杂性，其主要用来研究平稳、均匀湍流条件下的扩散问题，即定常条件下的气流扩散问题，对那些有时间变化的（非定常的）污染物浓度的预测大多借助于欧拉扩散方程处理。

大气扩散的理论主要沿三种理论体系发展（表 2.1），即梯度输送理论、湍流统计理论和相似理论，它们分别考虑不同的物理机制，采用不同的参量，利用不同的气象资料，在不同的假定条件下建立起来。

理论类型	梯度输送理论	统计理论	相似理论
基本原理	湍流半经验理论 $\overline{q'\omega'} = K\dfrac{\partial q}{\partial z}$	湍流脉动速度统计特征量与扩散参数之间的关系	拉格朗日相似假设
基本参量	湍流交换系数 K	风速的脉动速度均方差 拉格朗日自相关系数	摩擦速度 U_* 湍流热通量 H_t
气象资料	风速及 K 的廓线	湍流能谱	风、温廓线
主要限制条件	小尺度湍涡作用	均匀湍流	地面应力层
基本适用范围	σ_z 地面源	$\sigma_z\sigma_z$ 高架源 σ_y 地面源	σ_z 地面源近距离

来源：盛裴轩 等，2013

4. 建筑、城市影响下的大气污染物扩散

建筑、城市影响下的大气污染物扩散具有重要的影响。①建筑物作为障碍物会改变它周围的气流分布，造成局地扰动，从而影响污染物散布轨迹和扩散速率。②空气污染物排放源的位置及其与附近建筑物之间的关系，如所在位置、方位和间距等都会影响气流分布和污染物的散布规律。③多个建筑物或建筑簇群的存在，其特点也与单个建筑物的影响规律有所不同。一旦有建筑物存在于本底流中，就会引起空气流动畸变，从而导致气流分布的改变以及污染物散布规律的变化。这里的本底流指没有建筑存在的均匀流场，流场流速平均。

建筑物的存在，对其上游气流有阻挡作用，对其下游则有空气动力学下洗作用，由此构成其周围的绕流区。绕流的强弱与气流速度有关，流速越大绕流越强，向下风向延伸的距离也愈远。

2.1.3 气象要素对空气质量的影响

影响空气质量的气象要素很多，包括大气边界层结构及特征，风和湍流，气温和大气稳定性，辐射和云以及天气形势。在一般情况下，特别是近地面的情况，风和天气形势中的降水是最大的影响因素，本书研究的主要是通风要素对空气质量的影响，至于降水的影响这里不做深入探讨。

1. 大气边界层结构及其特征

大气边界层里湍流活动强弱决定了空气中污染物的扩散效率。大气边界层的湍流活动强弱及分布主要受下垫面粗糙度差异，下垫面动量、热量、水汽和其他物质的输送及通量的交换情况影响。

2. 风和湍流

风是空气相对于地面的水平运动，它有大小和方向，用风速和风向表征。风是污染物在大气中进行扩散的主要动力，风速决定了污染物扩散的距离以及被稀释的效率，风速越大，稀释缓解空气污染的作用愈明显。风向决定了污染物的扩散、延伸方向，污染物总是分布在污染源的下风方，于是在考虑风速和风向对污染物浓度的影响时，常引入污染系数的概念：

污染系数 = 风向频率 / 平均风速

由上式可知，风频低，风速高，污染系数小，此时空气污染程度轻。

湍流是一种叠加在平均风上的振荡变化，它的组成为一系列不规则的涡旋运动，这种涡旋称为湍涡（图2.4）。由于大气湍流运动相对于层流运动而言具有极不规则性，因此受湍流运动影响，污染物在大气中扩散的方向和速度都具有随机性。同时，大气湍流运动还会造成流场中物质与能量的混合、交换。

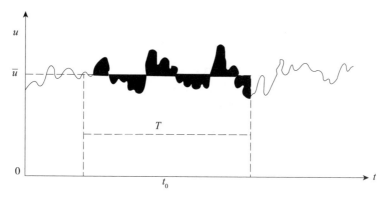

图2.4　湍流运动与平均风速的定义

来源：盛裴轩 等，2013

3. 气温与大气稳定度

气温垂直分布的差异性影响着大气的稳定度。大气稳定与否直接影响湍流活动的强弱，进而影响空气污染物的扩散效率。不稳定的大气层结构会增强大气中的湍流运动，从而增强大气扩散稀释污染物的能力。反之，稳定的大气层结构里湍流活动较弱，大气对污染物的扩散稀释能力也同样被削弱。

另外，逆温层对污染物的扩散也起重要作用，逆温层是分析潜在空气污染的重要条件，逆温层出现在不同的高度上，会抑制不同高度以下的湍流运动，从而容易形成空气污染。

4. 辐射和云

太阳辐射是地球大气循环运动的主要能量来源，太阳辐射对地球大气加热的不均衡性导致大气内部温度的差异分布与变化，从而导致大气运动状态的改变，影响云与降水天气的形成。降水对空气有明显的清洗作用。太阳辐射对地球大气运动状况的影响主要分为两个时间段：①晴朗的白天，太阳辐射使地面受热，导致近地层的空气温度升高，较远的高空中空气温度较低，此时近地面的大气上升活动明显，大气状态不稳定。②夜间，太阳辐射消失，地面温度开始降低，近地层气温开始下降，大气内部温度差异减小，大气状态趋于稳定。

云能让大气的状态更加稳定，减弱了空气中的湍流活动，因此在多云的天气容易形成空气污染。这是因为云一方面对太阳辐射有反射作用，减少了到达地面的太阳直接辐射；另一方面又能加强大气的逆辐射，减小气温随高度变化的差异，整体上让大气趋于更为稳定的状态。

5. 天气形势

不同的天气形势背景会产生不同的天气现象与气象状况。天气形势指天气系统在天气图上的分布特征及其所表示的大气运动状态，又称环流形势或气压形势。气压、降水以及雾等各种天气现象对污染物的扩散都具有一定的影响。

（1）气压。低气压控制时，大气中上升气流占主导，如果再配合较大的风速，此时的大气条件是有利于污染物扩散的。反之，高气压情况下，下沉气流占据主导，如果再出现静风条件，就会在几百米甚至上千米的高度形成下沉逆温层，抑制了湍流运动向上发展，此时的大气条件不利于污染物的扩散，容易造成空气污染。

（2）降水。降水对大气中的污染物质清洗作用明显，因此，一般下雨之后的空气质量都较好。

（3）雾。雾对于空气中的污染物具有一定程度上的清洗作用，但是这种作用非常有限，因为当雾出现时，近地面的大气非常稳定，在这种条件下，大气的湍流运动被抑制，空气中的污染物不易扩散。雾的出现对空气质量负作用更加明显。

6. 下垫面条件

空气中污染物扩散还受地形和下垫面条件的影响，因为地形和下垫面的非均匀性，对气流运动和气象条件会产生动力和热力的影响，从而改变空气污染物的扩散条件。下垫面条件对污染物扩散的影响主要有以下三个类别：

（1）下垫面上的建筑对空气污染扩散的影响。以粗糙度定义不同建成区下垫面情况，在此基础上考虑流场对污染物扩散的影响。

（2）复杂地形条件对空气污染扩散的影响。魏杰等人对复杂地形污染物扩散研究与应用作了总结，认为复杂地形条件会将烟流带到地面，从而造成污染物浓度放大的情况。

（3）水陆交界下垫面对空气污染物扩散的影响。受日照影响，水陆交界面构成的下垫面会诱生一些特殊的大气现象，如海/湖风环流，这些变化会支配局地大气输送与扩散特性，影响污染物扩散。

2.2 模拟优化方法相关理论

2.2.1 计算流体力学的基本原理

近 20 年来，计算流体力学这一新兴学术分支迅速发展，和计算物理学、计算力学、计算化学等一样，同属于计算科学的范畴。计算科学与传统的理论研究和实验研究不同，都是以计算机的数值模拟作为主要研究手段。

计算流体力学以流体力学的三个主要方程为基础，遵从三个物理能量守恒定律，即质量守恒、动量守恒以及能量守恒，通过离散化方法近似求解上述控制方程得到满足误差要求的流动数值解。在建筑环境领域，主要采用有限差分法、有限体积法和有限元法进行求解，其中有限体积法应用最广泛。该方法把连续的计算域离散为不连续的小的控制体，对每个控制体进行积分，将非线性偏微分方程组转化为线性化离散方程组，再通过有效的数值方法迭代求解，得到计算域内流场的数值解。具体的控制方程和相关数值方法在本书第三章中进行详细介绍。

2.2.2 CFD 在建筑环境领域的应用

1965 年，Harlow 和 Fromm 论文的发表标志着数值实验正式成为流体力学研究中的独立研究手段。1974 年，Nielsen 将 CFD 技术引入建筑室内气流评估，正式将运用于航空、气象预报等领域的 CFD 技术运用到建筑环境领域。

第 1 章综述部分已经对 CFD 在城市风场中的运用进行了梳理，本节主要对一些有代表性的成果进行介绍，见表 2.2 所列。Chen 等人运用 CFD 技术对建筑室内风场进行了模拟，并且对相关的湍流模型性能进行了验证。Tian 等人对 LES 模拟室内通风与空气污染关系的性能进行了验证。Liu 等人用 RANS 模型对高层建筑物风压进行了计算。Petrone 等人利用 CFD 技术研究了剧场通风和室温的关系。Menarzaddeh 等人对隔离病房空气传播污染进行了模拟评价。Lin 等人对不同建筑布局下的通风效果进行了模拟研究。Haghighat 等人对城市下垫面表面温度对污染物扩散的影响进行了模拟研究。Wang 等人结合多区网络通风模型 CONTIM 对建筑周围风场进行了模拟。

CFD 在建筑环境中的运用 表2.2

文献	方法	主要研究内容
Chen et al., 1998	CFD–RANS（SKE）	建筑室内风场模拟及验证
Mumovic et al., 2005	CFD–RANS（SKE）	室外环境空气质量模拟
Tian et al., 2007	CFD–LES（Dyn.）	建筑室内通风与污染物扩散模拟
Sabatino et al., 2007	CFD–RANS（SKE）& AD	城市室外环境的污染物扩散
Wang et al., 2007	CFD–RANS（SKE）& CONTIM	结合多区网络通风模型 CONTIM 对建筑周围风场进行了模拟
Ng et al., 2011	CFD–RANS（SKE）	受粗糙度影响的城市室外风环境模拟
Haghighat et al., 2011	CFD–RANS（SKE）	城市下垫面表面温度对污染物扩散的影响
Stoakes et al., 2011	CFD–RANS（SKE）	建筑自然通风对建筑热环境的影响
Petrone et al., 2011	CFD–RANS（SKE）	剧场建筑通风方案比较模拟
Menarzadeh et al., 2011	CFD–RANS（SKE）	隔离病房空气传播污染评价

文献	方法	主要研究内容
Hang et al., 2012	CFD–RANS（SKE, RNG, and RKE）	城市街道风场模拟
Liu et al., 2013	CFD–RANS（SKE）	高层建筑表面风压计算
Lin et al., 2014	CFD–RANS（SKE）	不同建筑布局下通风效果
Yao et al., 2014	CFD–RANS（SKE）	室内通风效果的影响评价
Chao et al., 2014	CFD–RANS（SSTKO）	城市室外风场与污染物扩散模拟
Ying et al., 2016	CFD–RANS（SKE）	高密度建筑区域风场模拟
Cammelli et al., 2016	CFD–RANS（RKE）	城市室外风场模拟
Cui et al., 2016	CFD–RANS（RKE）	城市污染物扩散
Kubilay et al., 2017	CFD–RANS（RKE）	街谷中的污染物扩散
Badas et al., 2017	CFD–RANS（RKE）	城市通风与城市散热的数值模拟

这些研究显示，CFD 在城市风环境、热环境、城市污染等各个方面都有了较多的研究成果，其研究的准确性得到了验证。CFD 数值模拟基于其便捷、快速且成本低的特点未来将被更广泛地运用于城市环境领域。

2.3 各学科理论支撑下的研究合理性

本研究试图通过城市规划设计手段改善城市局地空气质量。研究在气候学、流体力学、大气物理学、环境科学等学科的支撑下具有合理性和可操作性，如图 2.5 所示。

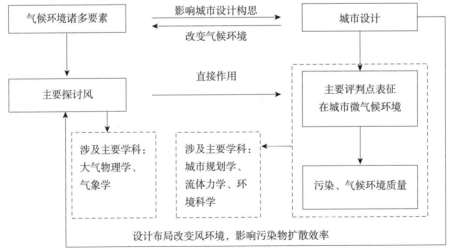

图2.5 各学科支撑下的研究思路

气候学支撑下的研究背景：污染物广泛存在于城市大气中，相比于污染源，不同的天气条件是带来污染空气的重要原因。在这些气象要素中，风带来的大气湍流运动是决定污染物扩散稀释效率和距离的动力。通风越好，混入的新鲜空气越多，污染物被输送的距离越远，被稀释的程度越明显，空气质量就越好。这种影响在大气边界层的垂直方向或者水平方向上都有明显体现。从全球尺度到城市局部街区尺度，气流带来的空气质量变化都很突出。

大气物理学支撑下的研究背景：城市下垫面不同的粗糙度会改变气流运动。在地面没有任何建筑物的情况下，风以层流为主；地面上进行大量的城市建设后，地面的粗糙度被改变，气流的运动轨迹和强度也会被影响。因此，合理的建筑布局，有效的风道建设，将在很大程度上实现城市的良好通风。

流体力学支撑下的研究方法：流体力学广泛运用于城市环境模拟中，能直观地展现城市风环境、热环境，能对城市建成区域风热环境进行评价，也能对城市规划设计方案风热环境进行预测，为进一步优化设计提供辅助建议。

交叉各个学科，立足于城市规划设计，提取气象要素中的风环境要素，研究其对城市空气质量的重要影响，为基于城市设计的空气质量优化打下基础。

本章的理论梳理，解决了以下几个问题：首先，证明了在污染源不变的情况下，气象要素（尤其是风环境要素）对于城市空气质量影响的重要作用。其次，证明了大气湍流不但在全球区域尺度，在城市以及局部尺度对于空气交换都有明显的影响。最后，基于流体力学在城市环境中的多次运用，证明了其在本研究中运用的有效性。

2.4 本章小结

通过对本研究相关支撑理论的梳理，给研究内容的科学合理性奠定了基础。首先，梳理大气物理学相关理论，获得污染物扩散沉积的原理和途径，肯定了风对空气污染物输送稀释的重要作用。其次，梳理气象学相关理论，明晰了大气边界层、城市边界层以及大气湍流运动，证实了城市边界层里存在剧烈的大气湍流运动，且大气湍流运动是疏散稀释污染物的重要动力，因此，尝试利用风的流场变化实现对城市空气质量的改善具有可行性。最后，梳理了计算流体学在城市环境中运用的相关理论，确定了利用计算流体力学模拟城市风热环境的准确有效性，为顺利完成本研究提供了方法上的指引。第3章将对研究用到的具体的数值模拟方法进行讨论。

3　城市风环境的数值模拟方法

上一章总结了支撑本研究的相关学科理论，搭建了基于大气物理学、环境科学、流体力学以及城市规划学的背景理论框架，证明了研究内容的科学合理性以及实现的可操作性。本章将着重从数值模拟方法的角度，详细阐述关于风环境在复杂城市区域模拟的方法以及设置要求。

3.1　城市环境中的空气流动控制方程

以能够考虑黏性作用的 Navier–Stokes 方程作为模拟城市环境中空气流动的控制方程，通过 RANS 方法对湍流进行数值模拟。在连续介质假设下，该方程的微分形式可写为：

$$\frac{\partial \boldsymbol{Q}}{\partial t} + \frac{\partial \boldsymbol{F}_i}{\partial \boldsymbol{x}_i} - \frac{\partial \boldsymbol{F}_i^{\mathrm{v}}}{\partial \boldsymbol{x}_i} = 0 \tag{3.1}$$

式中，$\boldsymbol{Q}$ 为由流体质量、动量和能量等流动守恒变量构成的列向量；$\boldsymbol{F}$ 为对流项构成的无黏通量列向量，具有从上游向下游传递的流动性质；$\boldsymbol{F}_i^{\mathrm{v}}$ 为由耗散项构成的黏性通量列向量。

上述三项展开如下：

$$\boldsymbol{Q} = \begin{bmatrix} \rho \\ \rho \boldsymbol{u}_i \\ \rho E \end{bmatrix}, \quad \boldsymbol{F}_i = \begin{bmatrix} \rho \boldsymbol{u}_i \\ \rho \boldsymbol{u}_i \boldsymbol{u}_j + p \delta_{ij} \\ \rho \boldsymbol{u}_i H \end{bmatrix}, \quad \boldsymbol{F}_i^{\mathrm{v}} = \begin{bmatrix} 0 \\ \tau_{ij} \\ \boldsymbol{u}_k \tau_{ki} - \boldsymbol{q}_i \end{bmatrix} \tag{3.2}$$

通常情况下，地面风速不会超过 100m/s，可以将城市环境中的风速当作不可压流体处理。此时，可以将空气密度 ρ 设定为常数，能量方程转变为由速度矢量 $\boldsymbol{u}_i$ 和压强 p 构成的动量方程。但是，城市建筑高度通常为几十米或者上百米，这导致计算域内的空气密度和温度在较大的垂直落差上有一定差异。为了考虑这一差异，使数值模拟更符合实际，仍将城市环境中的空气当作可压缩流体处理，控制方程中的密度为变量，仍求解由单位质量总能 E 和单位质量总焓 H 等变量构成的能量方程，这两个变量的关系为：

$$H = E + \frac{p}{\rho} \tag{3.3}$$

此处 H 的单位为 J/K，E 的单位为 J，p 的单位为 Pa，ρ 的单位为 kg/m³。对城市环境中的空气流动引入完全气体的状态方程：

$$T = p/(R\rho) \tag{3.4}$$

用比热比 γ 代替气体常数 R，将温度 T（单位：K）变为单位质量总能 E 得：

$$p = (\gamma - 1)\rho \left(E - \frac{1}{2} \boldsymbol{u}_i \boldsymbol{u}_i \right) \tag{3.5}$$

将城市环境中的空气视为牛顿流体，其黏性应力和热传导表达式为：

$$\tau_{ij} = (\mu_1 + \mu_{\mathrm{t}}) \left(\frac{\partial \boldsymbol{u}_i}{\partial \boldsymbol{x}_j} + \frac{\partial \boldsymbol{u}_j}{\partial \boldsymbol{x}_i} \right) - \frac{2}{3} (\mu_1 + \mu_{\mathrm{t}}) \delta_{ij} \frac{\partial \boldsymbol{u}_k}{\partial \boldsymbol{x}_k} \tag{3.6}$$

$$q_i = -\left(\kappa_1 + \kappa_t\right)\frac{\partial T}{\partial x_i} \tag{3.7}$$

其中，黏性应力包含层流和湍流两部分：μ_1 为层流黏性系数，是温度的函数，可通过参考值和当前温度由下式求出；μ_t 为湍流黏性系数，需要引入额外的湍流模型进行求解。

$$\mu_1 = \mu_0 \left(\frac{T}{T_{0\mu}}\right)^{1.5} \frac{T_{0\mu} + S_\mu}{T + S_\mu} \tag{3.8}$$

此处 μ_0，参考黏性系数，单位为 Pa·s。μ_1，层流黏性系数，单位为 Pa·s。$T_{0\mu}$，参考温度，单位为 K。T，气体温度，单位为 K。S_μ，萨瑟兰温度，通常取值 110.4K，单位为 K。根据黏性系数的计算结果可分别求解层流热传导系数 κ_1 和湍流热传导系数 κ_t，代入层流普朗特数 Pr_1 和湍流普朗特数 Pr_t，由下式求解：

$$\kappa_1 = \frac{\gamma R}{\gamma - 1} \frac{\mu_1}{Pr_1} \tag{3.9}$$

$$\kappa_t = \frac{\gamma R}{\gamma - 1} \frac{\mu_t}{Pr_t} \tag{3.10}$$

3.2　离散化方法

对于城市通风模拟，通常对形状相对简单的单体建筑或多个建筑生成结构网格对空间进行离散，对于形状较为复杂的城市建筑群体则通常生成非结构网格。为了能够适用于结构化和非结构化网格，本书采用有限体积法对流动控制方程进行离散，将网格单元和网格节点分别编号，建立网格单元和网格节点的对应关系。一个网格单元根据其类型对应 4~8 个网格节点。网格单元类型主要包括：六面体、四面体、三棱柱、金字塔等。

以六面体网格单元 Ω_i 为例（图 3.1），对其应用控制方程如下：

$$\frac{\partial}{\partial t}\iiint_{\Omega_i} \boldsymbol{Q} \mathrm{d}V + \iint_{S_i} \boldsymbol{F} \cdot \boldsymbol{n} \mathrm{d}S - \iint_{S_i} \boldsymbol{F}^v \cdot \boldsymbol{n} \mathrm{d}S = 0 \tag{3.11}$$

六面体网格单元边界由 6 个面构成（图 3.2），可表示为：

$$S_i = S_1 + S_2 + S_3 + S_4 + S_5 + S_6$$

其他类型的网格单元与之类似：四面体网格单元边界由 4 个面组成，三棱柱和金字塔网格单元边界由 5 个面构成。其半离散形式如下式所示：

$$\frac{\mathrm{d}}{\mathrm{d}t}\left(\Omega_i \boldsymbol{Q}_i\right) + \boldsymbol{F}_i - \boldsymbol{F}_i^v = 0 \tag{3.12}$$

这里 $\boldsymbol{Q}_i$、$\boldsymbol{F}_i$ 和 $\boldsymbol{F}_i^v$ 分别表示离散后网格单元 Ω_i 上的守恒、无黏和黏性通量项，其具体表达式将在后文的数值方法中详细说明。

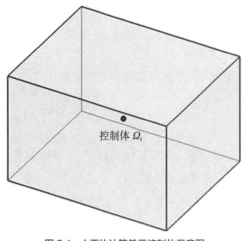

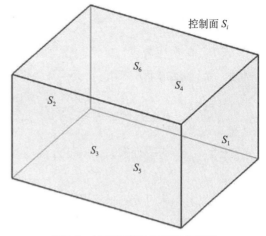

图 3.1　六面体计算单元控制体示意图　　　　图 3.2　六面体计算单元控制面示意图

3.2.1　空间离散

由无黏通量项 F_i 构成的对流项是非线性的，容易造成大的数值误差，因此其空间离散近似是很重要的。在城市通风数值模拟过程中，采用二阶精度的中心格式和 Roe 格式对无黏通量项 F_i 进行离散，对黏性通量项 F_i^v 方则主要采用二阶精度的中心格式进行离散。

1. 中心格式

中心格式是最为常用的离散方法，一般采用二阶精度进行离散，近年来也出现了四阶和六阶精度的格式，虽然高阶精度能够更快获得更精确的计算结果，但对于复杂问题容易带来计算不稳定甚至发散的问题。因此，本书在城市通风数值模拟过程中主要采用二阶中心格式。

以结构化网格六面体控制单元为例，网格单元 Ω_i 上的无黏通量项 $F_{i,j,k}$ 的离散形式改写如下：

$$
\begin{aligned}
F_{i,j,k} = & (F \cdot S)_{i+\frac{1}{2},j,k} - (F \cdot S)_{i-\frac{1}{2},j,k} + (F \cdot S)_{i,j+\frac{1}{2},k} \\
& - (F \cdot S)_{i,j-\frac{1}{2},k} + (F \cdot S)_{i,j,k+\frac{1}{2}} - (F \cdot S)_{i,j,k-\frac{1}{2}}
\end{aligned}
\tag{3.13}
$$

这里下标中带有 $\frac{1}{2}$ 的函数值通过以相邻两个网格单元守恒变量的平均值为自变量求出：

$$
F_{i+\frac{1}{2},j,k} = F\left[\frac{1}{2}\left(Q_{i,j,k} + Q_{i+1,j,k}\right)\right]
\tag{3.14}
$$

中心格式包含奇数阶微分项的截断误差，容易产生空间振荡；由于不存在偶数阶的截断误差，不具备数值黏性（耗散性），需要引入人工耗散使方程迭代求解趋于稳定。引入人工耗散的半离散方程改写为：

$$
\frac{\mathrm{d}}{\mathrm{d}t}\left(\Omega_{i,j,k} Q_{i,j,k}\right) + F_{i,j,k} - F_{i,j,k}^v = D_{i,j,k}
\tag{3.15}
$$

人工耗散项 $D_{i,j,k}$ 的具体表达形式为：

$$\boldsymbol{D}_{i,j,k} = \left(D_{\xi}^2 - D_{\xi}^4 + D_{\eta}^2 - D_{\eta}^4 + D_{\zeta}^2 - D_{\zeta}^4\right)\boldsymbol{Q}_{i,j,k} \tag{3.16}$$

这里将结构化网格曲线坐标系的三个方向分别定义为 ξ、η、ζ，以曲线坐标系的 ξ 方向为例（其他两个方向类似），其二阶、四阶差分算子展开如下：

$$D_{\xi}^2 \boldsymbol{Q}_{i,j,k} = \nabla_{\xi}\left(\chi_{i+\frac{1}{2},j,k}\varepsilon_{i+\frac{1}{2},j,k}^{(2)}\right)\varDelta_{\xi}\boldsymbol{Q}_{i,j,k}$$
$$D_{\xi}^4 \boldsymbol{Q}_{i,j,k} = \nabla_{\xi}\left(\chi_{i+\frac{1}{2},j,k}\varepsilon_{i+\frac{1}{2},j,k}^{(4)}\right)\varDelta_{\xi}\nabla_{\xi}\varDelta_{\xi}\boldsymbol{Q}_{i,j,k} \tag{3.17}$$

式中　$\varDelta_{\xi}$——ξ 方向的前向差分算子；

　　　∇_{ξ}——ξ 方向的后向差分算子。

为了使耗散通量项不会过小导致计算失稳振荡，也不会过大导致计算过于稳定无法得到精确结果，计算过程中通过曲线坐标系 ξ、η、ζ 三个方向上的雅可比矩阵谱半径 λ_{ξ}、λ_{η}、λ_{ζ} 来确定上式中系数 $\chi_{i+\frac{1}{2},j,k}$ 的大小：

$$\chi_{i+\frac{1}{2},j,k} = \frac{1}{2}\left(\lambda_{i,j,k} + \lambda_{i+1,j,k}\right)$$
$$\lambda_{i,j,k} = \left(\lambda_{\xi}\right)_{i,j,k} + \left(\lambda_{\eta}\right)_{i,j,k} + \left(\lambda_{\zeta}\right)_{i,j,k} \tag{3.18}$$

另一组系数 $\varepsilon_{i+\frac{1}{2},j,k}^{(2)}$ 和 $\varepsilon_{i+\frac{1}{2},j,k}^{(4)}$ 与当地局部流动变量的梯度相关，由下式给出：

$$\varepsilon_{i+\frac{1}{2},j,k}^{(2)} = k^{(2)}\max\left(\vartheta_{i,j,k}, \vartheta_{i-1,j,k}\right)$$
$$\varepsilon_{i+\frac{1}{2},j,k}^{(4)} = \max\left(0, k^{(4)} - \varepsilon_{i+\frac{1}{2},j,k}^{(2)}\right) \tag{3.19}$$

这里，$k^{(2)}$ 和 $k^{(4)}$ 为对于不同问题取值不同的常数，其取值范围通常分别为：

$$\frac{1}{4} \leqslant k^{(2)} \leqslant 1$$
$$\frac{1}{256} \leqslant k^{(4)} \leqslant \frac{1}{32} \tag{3.20}$$

式（3.19）中的 $\vartheta_{i,j,k}$ 是由当地压力梯度计算得到的敏感性因子，离散后的计算公式如下：

$$\vartheta_{i,j,k} = \left|\frac{p_{i+1,j,k} - 2p_{i,j,k} + p_{i-1,j,k}}{p_{i+1,j,k} + 2p_{i,j,k} + p_{i-1,j,k}}\right| \tag{3.21}$$

2. Roe 格式

Roe 格式是在 CFD 实际应用中最为成功的迎风格式之一，是一种通量差分分裂（Flux Difference Splitting，FDS）方法。Roe 格式为数值通量型的差分方法提供了一条新思路，目前许多高分辨率格式都是根据这一思路发展而来的。该格式在存在流动间断的激波问题上应用广泛，对于不存在激波问题的城市通风数值模拟问题，仍然有分辨率高、数值稳定性好等优势。具有二阶精度的 Roe 格式为：

$$\boldsymbol{F}_{i,j,k} = \frac{1}{2}\left[\boldsymbol{F}(\boldsymbol{Q}_{\mathrm{L}}) + \boldsymbol{F}(\boldsymbol{Q}_{\mathrm{R}}) - \left|\tilde{\mathbf{A}}\right|(\boldsymbol{Q}_{\mathrm{R}} - \boldsymbol{Q}_{\mathrm{L}})\right]_{i,j,k} \tag{3.22}$$

式中，Q_L 是网格单元左边的流动变量，Q_R 是网格单元右侧的流动变量，上标符号"~"表示 Roe 平均计算。对主要流动变量进行 Roe 平均计算的具体公式如下：

$$\tilde{\rho} = \sqrt{\rho_L \rho_R}$$

$$\tilde{u}_1 = \frac{u_{1L} + u_{1R}\sqrt{\rho_L/\rho_R}}{1 + \sqrt{\rho_L/\rho_R}}$$

$$\tilde{u}_2 = \frac{u_{2L} + u_{2R}\sqrt{\rho_L/\rho_R}}{1 + \sqrt{\rho_L/\rho_R}}$$

$$\tilde{u}_3 = \frac{u_{3L} + u_{3R}\sqrt{\rho_L/\rho_R}}{1 + \sqrt{\rho_L/\rho_R}}$$

$$\tilde{h}_0 = \frac{h_{0L} + h_{0R}\sqrt{\rho_L/\rho_R}}{1 + \sqrt{\rho_L/\rho_R}}$$

$$\tilde{a}^2 = (\gamma - 1)\left(\tilde{h}_0 - \frac{\tilde{u}_1^2 + \tilde{u}_2^2 + \tilde{u}_3^2}{2}\right)$$

在 Roe 格式最右边的项中，$\tilde{\mathbf{A}}$ 表示的是 Roe 平均雅可比矩阵，与流动变量差分（$Q_R - Q_L$）点乘后展开如下：

$$\left|\tilde{\mathbf{A}}\right|(Q_R - Q_L) = \begin{bmatrix} \alpha_4 \\ \tilde{u}_1\alpha_4 + \hat{n}_x\alpha_5 + \alpha_6 \\ \tilde{u}_2\alpha_4 + \hat{n}_y\alpha_5 + \alpha_7 \\ \tilde{u}_3\alpha_4 + \hat{n}_z\alpha_5 + \alpha_8 \\ \tilde{h}_0\alpha_4 + \tilde{\bar{V}}\alpha_5 + \tilde{u}_1\alpha_6 + \tilde{u}_2\alpha_7 + \tilde{u}_3\alpha_8 - \frac{\tilde{a}^2\alpha_1}{\gamma - 1} \end{bmatrix} \tag{3.23}$$

式中，系数 $\alpha_1 \sim \alpha_8$ 表达如下：

$$\alpha_1 = S\left|\tilde{\bar{V}}\right|\left(\Delta\rho - \frac{\Delta p}{\tilde{a}^2}\right)$$

$$\alpha_2 = \frac{1}{2\tilde{a}^2}S\left|\tilde{\bar{V}} + \tilde{a}\right|\left(\Delta p + \tilde{\rho}\tilde{a}\Delta\bar{V}\right)$$

$$\alpha_3 = \frac{1}{2\tilde{a}^2}S\left|\tilde{\bar{V}} - \tilde{a}\right|\left(\Delta p - \tilde{\rho}\tilde{a}\Delta\bar{V}\right)$$

$$\alpha_4 = \alpha_1 + \alpha_2 + \alpha_3$$

$$\alpha_5 = \tilde{a}(\alpha_2 - \alpha_3)$$

$$\alpha_6 = S\left|\tilde{\bar{V}}\right|\left(\tilde{\rho}\Delta u_1 - \hat{n}_x\tilde{\rho}\tilde{a}\Delta\bar{V}\right)$$

$$\alpha_7 = S\left|\tilde{\bar{V}}\right|\left(\tilde{\rho}\Delta u_2 - \hat{n}_y\tilde{\rho}\tilde{a}\Delta\bar{V}\right)$$

$$\alpha_8 = S\left|\tilde{\bar{V}}\right|\left(\tilde{\rho}\Delta u_3 - \hat{n}_z\tilde{\rho}\tilde{a}\Delta\bar{V}\right)$$

3.2.2 时间积分

定常计算主要采用了隐式方法，非定常计算主要采用了双时间推进方法。另外，由于城市风环境中的空气流动属于流体力学中低速流动范畴，在时间推进方法中采用了预处理方法，用来提高求解低速流动的计算效率和计算精度。

1. 隐式格式

对空间离散后的半离散方程组中的流动变量进行一阶精度向前差分可得：

$$\Omega_{i,j,k} \frac{\Delta Q_{i,j,k}}{\Delta t} + F_{i,j,k}^{m+1} - F_{i,j,k}^{v,m} = \hat{\delta} D_{i,j,k}^{m} \tag{3.24}$$

其中，$\Delta Q_{i,j,k} = Q_{i,j,k}^{m+1} - Q_{i,j,k}^{m}$，$\hat{\delta}$ 为是否引入人工耗散项的开关参数，取 1 时引入（中心格式），取 0 时不引入（迎风格式）。用泰勒展开并忽略二阶及更高阶项，线性化处理无黏通量项 $F_{i,j,k}^{m+1}$ 如下：

$$F_{i,j,k}^{m+1} = F_{i,j,k}^{m} + (A\Delta Q)_{i+\frac{1}{2},j,k} - (A\Delta Q)_{i-\frac{1}{2},j,k} + (B\Delta Q)_{i,j+\frac{1}{2},k} \\ - (B\Delta Q)_{i,j-\frac{1}{2},k} + (C\Delta Q)_{i,j,k+\frac{1}{2}} - (C\Delta Q)_{i,j,k-\frac{1}{2}} \tag{3.25}$$

这里，矩阵 A 为曲线坐标系 ζ 方向网格单元面法向的雅可比矩阵，具体定义为 $A = \partial (F \cdot n)/\partial Q$，矩阵 B 和 C 分别为 η 和 ζ 方向网格单元面法向的雅可比矩阵，其定义与 A 相似。将该式代入隐式格式的半离散方程组（3.24）可得：

$$\Omega_{i,j,k} \frac{\Delta Q_{i,j,k}}{\Delta t} + \left\{ (A\Delta Q)_{i+\frac{1}{2},j,k} - (A\Delta Q)_{i-\frac{1}{2},j,k} + (B\Delta Q)_{i,j+\frac{1}{2},k} \right. \\ \left. - (B\Delta Q)_{i,j-\frac{1}{2},k} + (C\Delta Q)_{i,j,k+\frac{1}{2}} - (C\Delta Q)_{i,j,k-\frac{1}{2}} \right\} = RHS_{i,j,k}^{m} \tag{3.26}$$

其中，

$$RHS_{i,j,k}^{m} = -\left(F_{i,j,k}^{m} - F_{i,j,k}^{v,m} - \hat{\delta} D_{i,j,k}^{m} \right) \tag{3.27}$$

根据通量差分分离和迎风法则，得到离散方程如下：

$$\left\{ \frac{\Omega_{i,j,k}}{\Delta t} I + A_{i,j,k}^{+} - A_{i,j,k}^{-} + B_{i,j,k}^{+} - B_{i,j,k}^{-} + C_{i,j,k}^{+} - C_{i,j,k}^{-} \right\} \Delta Q_{i,j,k} \\ + \left(-A_{i-1,j,k}^{+} Q_{i-1,j,k} - B_{i,j-1,k}^{+} Q_{i,j-1,k} - C_{i,j,k-1}^{+} Q_{i,j,k-1} \right) \\ + \left(A_{i+1,j,k}^{-} Q_{i+1,j,k} + B_{i,j+1,k}^{-} Q_{i,j+1,k} + C_{i,j,k+1}^{-} Q_{i,j,k+1} \right) = RHS_{i,j,k}^{m} \tag{3.28}$$

其中，

$$A^{\pm} = \frac{A \pm \left[\hat{\alpha} r_A + \frac{\gamma \mu}{\rho Pr} \left(\xi_x^2 + \xi_y^2 + \xi_z^2 \right) \right] I}{2}$$

$$B^{\pm} = \frac{B \pm \left[\hat{\alpha} r_B + \frac{\gamma \mu}{\rho Pr} \left(\eta_x^2 + \eta_y^2 + \eta_z^2 \right) \right] I}{2}$$

$$C^{\pm} = \frac{C \pm \left[\hat{\alpha} r_C + \frac{\gamma \mu}{\rho Pr} \left(\zeta_x^2 + \zeta_y^2 + \zeta_z^2 \right) \right] I}{2}$$

这里，$\hat{\alpha}$ 为常数，通常取值不小于 1；r_A、r_B、r_C 分别为矩阵 $\boldsymbol{A}$、$\boldsymbol{B}$、$\boldsymbol{C}$ 的谱半径；ξ_x、ξ_y、ξ_z、η_x、η_y、η_z、ζ_x、ζ_y、ζ_z 为网格曲线坐标和空间直角坐标之间坐标变换的雅可比算子。

2. 双时间推进

在涉及污染物扩散的城市通风数值模拟过程中需要进行非定常计算，双时间推进通过引入伪时间 τ 将非定常计算转化为每个时间步内的定常计算。额外引入伪时间导数得到半离散方程如下：

$$\frac{\partial}{\partial \tau}\left(\Omega_{i,j,k}\Delta\boldsymbol{Q}_{i,j,k}\right) + \frac{\partial}{\partial t}\left(\Omega_{i,j,k}\Delta\boldsymbol{Q}_{i,j,k}\right) = \boldsymbol{RHS}_{i,j,k} \qquad (3.29)$$

对物理时间导数项应用二阶精度的三点迎风格式差分离散得到隐式离散方程如下：

$$\frac{\partial\left(\Omega_{i,j,k}\Delta\boldsymbol{Q}_{i,j,k}\right)}{\partial\tau} + \frac{3\Omega_{i,j,k}^{n+1}\boldsymbol{Q}_{i,j,k}^{n+1} - 4\Omega_{i,j,k}^{n}\boldsymbol{Q}_{i,j,k}^{n} + \Omega_{i,j,k}^{n-1}\boldsymbol{Q}_{i,j,k}^{n-1}}{2\Delta t} = -\left(\boldsymbol{F}_{i,j,k}^{n+1} - \boldsymbol{F}_{i,j,k}^{\mathrm{v},n} - \hat{\delta}\boldsymbol{D}_{i,j,k}^{n}\right) \qquad (3.30)$$

将物理时间导数移到方程组右边，得：

$$\frac{\partial}{\partial\tau}\left(\Omega_{i,j,k}\Delta\boldsymbol{Q}_{i,j,k}\right) = \boldsymbol{RHS}_{i,j,k}^{*} \qquad (3.31)$$

其中，

$$\boldsymbol{RHS}_{i,j,k}^{*} = -\hat{\sigma}\frac{3\Omega_{i,j,k}^{n+1}\boldsymbol{Q}_{i,j,k}^{n+1} - 4\Omega_{i,j,k}^{n}\boldsymbol{Q}_{i,j,k}^{n} + \Omega_{i,j,k}^{n-1}\boldsymbol{Q}_{i,j,k}^{n-1}}{2\Delta t} - \left(\boldsymbol{F}_{i,j,k}^{n+1} - \boldsymbol{F}_{i,j,k}^{\mathrm{v},n} - \hat{\delta}\boldsymbol{D}_{i,j,k}^{n}\right) \qquad (3.32)$$

通过迭代求解，使 $\boldsymbol{RHS}_{i,j,k}^{*}$=0，即可得到每个时间点上的非定常瞬态解。

3. 预处理方法

城市通风数值模拟在空气动力学中属于低速流动（速度小于 0.3 倍声速），直接应用时间推进方法进行求解会遇到收敛困难、计算精度低等问题。此时，可以采用预处理方法解决这一问题。采用预处理方法的控制方程为：

$$\boldsymbol{P}\frac{\partial\boldsymbol{Q}}{\partial\tau} + \hat{\sigma}\frac{\partial\boldsymbol{Q}}{\partial t} + \frac{\partial\boldsymbol{F}_i}{\partial\boldsymbol{x}_i} - \frac{\partial\boldsymbol{F}_i^{\mathrm{v}}}{\partial\boldsymbol{x}_i} = 0 \qquad (3.33)$$

式中，$\boldsymbol{P}$ 为额外引入的预处理矩阵，进一步采用原始变量预处理矩阵 $\boldsymbol{\varGamma}_T$ 代替 $\boldsymbol{P}$，得：

$$\boldsymbol{\varGamma}_T\frac{\partial\boldsymbol{Q}_T}{\partial\tau} + \hat{\sigma}\frac{\partial\boldsymbol{Q}}{\partial t} + \frac{\partial\boldsymbol{F}_i}{\partial\boldsymbol{x}_i} - \frac{\partial\boldsymbol{F}_i^{\mathrm{v}}}{\partial\boldsymbol{x}_i} = 0 \qquad (3.34)$$

预处理矩阵 $\boldsymbol{\varGamma}_T$ 与 $\boldsymbol{P}$ 的转化关系如下：

$$\boldsymbol{\varGamma}_T = \boldsymbol{P}\frac{\partial\boldsymbol{Q}}{\partial\boldsymbol{Q}_T} \qquad (3.35)$$

通用的预处理矩阵及其逆矩阵具体可展开成如下形式：

$$\boldsymbol{P}_0 = \begin{bmatrix} \dfrac{c^2}{\beta^2 Ma_r^2} & 0 & 0 & 0 & \delta \\[2mm] \dfrac{\varepsilon u_1}{\rho\beta^2 Ma_r^2} & 1 & 0 & 0 & 0 \\[2mm] \dfrac{\varepsilon u_2}{\rho\beta^2 Ma_r^2} & 0 & 1 & 0 & 0 \\[2mm] \dfrac{\varepsilon u_3}{\rho\beta^2 Ma_r^2} & 0 & 0 & 1 & 0 \\[2mm] 0 & 0 & 0 & 0 & 1 \end{bmatrix}, \quad \boldsymbol{P}_0^{-1} = \begin{bmatrix} \dfrac{\beta^2 \dot{M}a_r^2}{c^2} & 0 & 0 & 0 & -\dfrac{\beta^2 Ma_r^2}{c^2}\delta \\[2mm] -\dfrac{\varepsilon u_1}{\rho c^2} & 1 & 0 & 0 & \dfrac{\varepsilon u_1}{\rho c^2}\delta \\[2mm] -\dfrac{\varepsilon u_2}{\rho c^2} & 0 & 1 & 0 & \dfrac{\varepsilon u_2}{\rho c^2}\delta \\[2mm] -\dfrac{\varepsilon u_3}{\rho c^2} & 0 & 0 & 1 & \dfrac{\varepsilon u_3}{\rho c^2}\delta \\[2mm] 0 & 0 & 0 & 0 & 1 \end{bmatrix} \qquad (3.36)$$

其中，c 为当地局部声速，$\beta^2 Ma_r^2$ 通过下式求解：

$$\beta^2 Ma_r^2 = \min\left\{ \max\left[K_1 c^2 Ma^2 \left(1 + \frac{1 - Ma_0^2}{Ma_0^4} Ma^2 \right), K_2^2 V_\infty^2 \right], c^2 \right\} \qquad (3.37)$$

3.3 边界条件

在对城市通风问题进行 CFD 计算时，考虑建筑物周围流动的外部流场进行边界设置是获得准确数值解的基本问题之一。通常需要给定上风方向迎风端的入流边界、下风向风流出端的出流边界及建筑物表面和下垫面的壁面边界。

3.3.1 物体表面边界条件

在城市通风数值模拟过程中，本书没有考虑热辐射对建筑物和下垫面的影响，主要采用了无滑移壁面边界条件，即沿壁面的风速相对于壁面的速度为 0。无滑移条件和绝热壁面条件分别为：

$$\boldsymbol{u}_{\mathrm{b}} = \boldsymbol{u}_{\mathrm{wall}} \qquad (3.38)$$

$$\frac{\partial T}{\partial n} = 0 \qquad (3.39)$$

为了减小计算量，在近壁区常用壁面函数近似。在本书的部分计算过程中主要参考 Lander 提出的一种两层壁面函数，该壁面函数有别于基于摩阻速度 $u_\tau = \sqrt{(\tau/\rho)_w}$ 的传统方法，采用速度尺度 $\sqrt{k}$ 作为基本变量，k 为湍动能。该方法得到的壁面平均剪应力为：

$$\tau_w = \begin{cases} \dfrac{\kappa^* \rho_w \sqrt{k_1} \left(U_{cl} - U_{tw} \right)}{\ln\left(E y_1^* \right)}, & y_1^* > y_v^* \\[3mm] \dfrac{\mu_w \left(U_{cl} - U_{tw} \right)}{y_1}, & y_1^* \leqslant y_v^* \end{cases} \qquad (3.40)$$

其中，y_1 为物面第一层网格单元格心到物面的距离，U_{tw} 是与壁面相切的流动速度，$\kappa^* = c_\mu^{1/4}\kappa$，$c_\mu = 0.09$，$\kappa = 0.41$，$E = 8.8$，$y_v^* = 11.2$。

$$y_1^* = \frac{c_\mu^{1/4} \rho_w y_1 \sqrt{k_1}}{\mu_w} \tag{3.41}$$

$$U_{c1} = \sqrt{B}\left[\arcsin\left(\frac{A + \tilde{U}_{t1}}{D}\right) - \arcsin\left(\frac{A}{D}\right)\right] \tag{3.42}$$

$$A = (q/\tau)_w, \quad B = 2\frac{C_p}{Pr_t}T_w, \quad D = \sqrt{A^2 + B}$$

$$\tilde{U}_{t1} = \begin{cases} U_{t1} - \dfrac{1}{2}\dfrac{\mathrm{d}p}{\mathrm{d}x}\left[\dfrac{y_v}{\kappa^*\rho\sqrt{k_1}}\ln\left(\dfrac{y_1}{y_v}\right) + \dfrac{y_1 - y_v}{\kappa^*\rho\sqrt{k_1}} + \dfrac{y_v^2}{\mu}\right], & y_1^* \geqslant y_v^* \\ U_{t1}, & y_1^* < y_v^* \end{cases} \tag{3.43}$$

$$q_w = \begin{cases} -\tau_w\left[\dfrac{C_p\left(T_1 - T_w\right)}{Pr\left(U_{c1} - U_{tw}\right)} + \dfrac{\left(U_{c1} - U_{tw}\right)}{2}\right], & y_1^* \leqslant y_v^* \\ -\tau_w\dfrac{\ln\left(Ey_1^*\right)}{\ln\left(E_T y_1^*\right)}\left[\dfrac{C_p\left(T_1 - T_w\right)}{Pr_t\left(U_{c1} - U_{tw}\right)} + \dfrac{\left(U_{c1} - U_{tw}\right)}{2}\right], & y_1^* > y_v^* \end{cases} \tag{3.44}$$

这里，U_{t1} 是计算得到的物面第一层网格单元格心处与壁面相切的速度分量，$\dfrac{\mathrm{d}p}{\mathrm{d}x}$ 是相应的流向压力梯度分量；q_w 为壁面热传导率，T_1 是由经验关系得到的格心处的温度。

3.3.2 远场边界条件

城市通风数值模拟的远场边界条件主要包括流入边界条件、流出边界条件和自由边界条件。流入边界条件即对送风条件进行设定，一般指定送风口处流动参数的平均值或分布。流出边界条件主要指回风或排风条件的设定，一般设定出口边界上速度梯度或压力梯度为 0，或压力二阶差分为 0。自由边界条件主要应用于计算域的侧边界和上边界，本书主要采用了当地一维黎曼不变量来处理计算域内部产生的扰动。

当地一维黎曼不变量定义如下：

$$\begin{aligned} R^- &= q_n - \frac{2a}{\gamma - 1} \\ R^+ &= q_n + \frac{2a}{\gamma - 1} \end{aligned} \tag{3.45}$$

其中，q_n 为远场自由边界上速度的法向分量，a 为当地声速。R^- 通过自由来流（下标"∞"）计算，R^+ 通过内场（下标"e"）向外插值得到：

$$\begin{aligned} R^- &= q_n - \frac{2a}{\gamma - 1} = q_{n\infty} - \frac{2a_\infty}{\gamma - 1} \\ R^+ &= q_n + \frac{2a}{\gamma - 1} = q_{ne} + \frac{2a_e}{\gamma - 1} \end{aligned} \tag{3.46}$$

对上述黎曼不变量进行加减运算，即可得到远场自由边界条件所需的法向速度分量 q_n 和声速 a：

$$q_n = \frac{1}{2}\left(R^+ + R^-\right)$$

$$a = \frac{\gamma - 1}{4}\left(R^+ - R^-\right) \tag{3.47}$$

3.4 湍流模拟

在城市的风环境中，存在着各种尺度的湍流脉动。采用直接数值模拟方法对所有尺度的涡进行模拟是最理想的，但该方法对网格要求极高，所需计算量极其庞大，在目前的计算水平下难以获得实际应用。大涡模拟方法能够模拟解析大尺度的涡，对小涡进行建模处理，近年来也取得了一些应用，但仍然面临计算量巨大、计算资源不足的困难。RANS 方法对流动控制方程进行统计平均或时间平均的平均化处理，以平均化的流动作为解析对象，对于在平均值附近随机变化的湍流脉动则通过湍流模型来处理。RANS 方法在目前的工业级应用方面取得了成功的推广，其计算精度和计算能力基本能够满足当前技术发展水平需求，也是本书研究中所采用的湍流模拟方法。

本书在 RANS 方法中主要采用了 k-ε 湍流模型。根据量纲分析，k-ε 模型将湍流黏性系数 μ_t 表示为特征速度和特征长度的乘积，分别用湍动能 k 和湍动能耗散率 ε 代替特征速度和特征长度，从而得到：

$$\mu_t = \rho C_\mu \frac{k^2}{\varepsilon} \tag{3.48}$$

其中，C_μ 是无量纲系数。常见的 k-ε 模型包括标准 k-ε 模型、RNG k-ε 模型、可实现 k-ε 模型和非线性 k-ε 模型，本书主要采用了可实现 k-ε 模型。

可实现 k-ε 模型对标准 k-ε 模型存在的问题进行了改善，使模型能够满足流动的真实性条件。在应用标准 k-ε 模型的过程中，某些情况下平均雷诺应力可能为负，这是不符合实际的。可实现 k-ε 模型增加了法向应力为正、速度相关性系数不超过 1 的条件，该模型展开如下：

$$\frac{\partial}{\partial t}(\rho k) + \frac{\partial}{\partial \boldsymbol{x}_i}(\rho k \boldsymbol{u}_i) = \frac{\partial}{\partial \boldsymbol{x}_i}\left[\left(\mu + \frac{\mu_t}{\sigma_k}\right)\frac{\partial k}{\partial \boldsymbol{x}_i}\right] + P_k - \rho\varepsilon \tag{3.49}$$

$$\frac{\partial}{\partial t}(\rho\varepsilon) + \frac{\partial}{\partial \boldsymbol{x}_i}(\rho\varepsilon \boldsymbol{u}_i) = \frac{\partial}{\partial \boldsymbol{x}_i}\left[\left(\mu + \frac{\mu_t}{\sigma_\varepsilon}\right)\frac{\partial \varepsilon}{\partial \boldsymbol{x}_i}\right] + \left(C_{\varepsilon 1}P_k - C_{\varepsilon 2}\rho\varepsilon + E\right)T_t^{-1} \tag{3.50}$$

其中，

$$T_t = \frac{k}{\varepsilon}\max\left\{1, \zeta^{-1}\right\}$$

$$\zeta = \sqrt{Re_t/2}$$

$$Re_t = \rho k^2/(\mu\varepsilon),$$

$$P_k = -\rho \overline{\boldsymbol{u}_i' \boldsymbol{u}_j'} \frac{\partial \boldsymbol{u}_i}{\partial \boldsymbol{x}_j}$$

$$\rho \overline{\boldsymbol{u}_i' \boldsymbol{u}_j'} = \frac{2}{3} \rho k \delta_{ij} - \mu_t \left(\frac{\partial \boldsymbol{u}_i}{\partial \boldsymbol{x}_j} + \frac{\partial \boldsymbol{u}_j}{\partial \boldsymbol{x}_i} - \frac{2}{3} \frac{\partial \boldsymbol{u}_k}{\partial \boldsymbol{x}_k} \delta_{ij} \right)$$

$$E = A_E \rho \sqrt{\varepsilon T_t} \, \Psi \max \left\{ k^{\frac{1}{2}}, (\nu \varepsilon)^{\frac{1}{4}} \right\}$$

$$\Psi = \max \left\{ \frac{\partial k}{\partial \boldsymbol{x}_i} \frac{\partial \tau}{\partial \boldsymbol{x}_i}, 0 \right\}$$

$$\tau = k / \varepsilon$$

根据实践经验和试验数据，部分无量纲系数建议取值如下：C_μ=0.09，$C_{\varepsilon 1}$=1.44，$C_{\varepsilon 2}$=1.92，σ_k=1.0，σ_ε=1.3，A_E=0.3。

改进后的湍流黏性系数由下式求得：

$$\mu_t = \min \left\{ C_\mu f_\mu \rho k^2 / \varepsilon, 2 \rho k / (3S) \right\} \tag{3.51}$$

其中，

$$f_\mu = \frac{1 - e^{-0.01 Re_t}}{1 - e^{-\sqrt{Re_t}}} \max \left\{ 1, \sqrt{2 / Re_t} \right\}$$

$$S = \sqrt{S_{kl} S_{kl} / 2}$$

$$S_{ij} = \frac{\partial \boldsymbol{u}_i}{\partial \boldsymbol{x}_j} + \frac{\partial \boldsymbol{u}_j}{\partial \boldsymbol{x}_i} - \frac{2}{3} \frac{\partial \boldsymbol{u}_k}{\partial \boldsymbol{x}_k} \delta_{ij}$$

3.5 数值计算方法验证

对于数值方法准确可靠性的验证一般有两种方法：一种是通过实地测量，另一种则是通过建立缩比模型进行的风洞试验。本书中对于方法的验证是借鉴于风洞试验的数据进行比较，以选择误差率最小的方法用于实际的方案模拟中。风洞试验也选取了两组实验数据，一组为单体建筑的风洞试验，另外一组则为建筑群的风洞试验数据。

3.5.1 单体建筑的风洞试验验证

为了对上述 CFD 数值模拟方法进行验证，对风洞试验中的单体建筑模型进行了数值模拟。图 3.3 给出了单体建筑风洞试验模型及试验段入口速度型，单体建筑长宽都为 b=0.08m，高 H=2b，风洞试验段长 7m，宽 1.1m，高 0.9m，模型放置于试验段入口下方 4.6m 处。试验段风速设定为 6.75m/s，湍流强度约为 0.5%，风速速度型的垂直分布如图 3.4 所示，基于建筑物高度处的速度和建筑物宽度 b 的雷诺数约为 2.4×10^4。

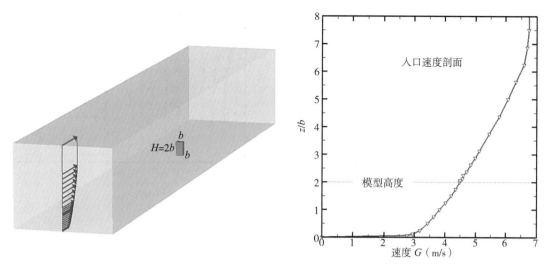

图3.3 单体建筑风洞试验模型及试验段入口速度型

基于上述模型生成了约包含118万个六面体单元的计算网格，在试验段壁面和单体建筑表面的法向进行了适当加密。分别采用了可实现 k-ε 模型和剪切应力输运 k-ω 湍流模型进行了数值计算，经过400步迭代，最大残差下降了3个量级以上，得到数值计算结果。两组数值计算结果和风洞试验结果的对比如图3.4和图3.5所示。图3.4给出了 y/b=0 平面内9个站位上流向速度 U 和法向速度 W 的垂直分布，图3.5给出了 z/b=1.25 平面内9个站位上流向速度 U 和展向速度 V 的水平分布。可以看出，计算结果与试验结果吻合较好，尤其是在物面附近，两组数值结果都与试验结果基本一致。但是，在建筑物下游的分离流动区，k-ε 模型得到的结果与风洞试验更为吻合，k-ω 湍流模型得到的结构则与风洞试验存在一定偏差。这说明本书所采用的数值方法能够较为准确地给出建筑物周围风场的风速和风向等流动数据，能够为城市建筑设计方案的通风效果进行有效评估。

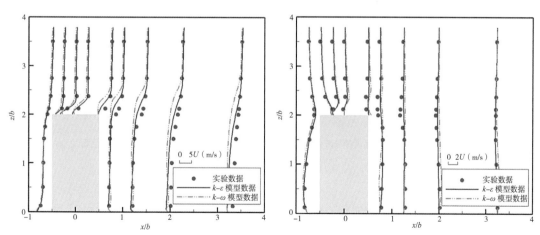

图3.4 流向速度 U 和法向速度 W 的垂直分布图（y/b=0 平面）

来源：Davidson et al.，1996

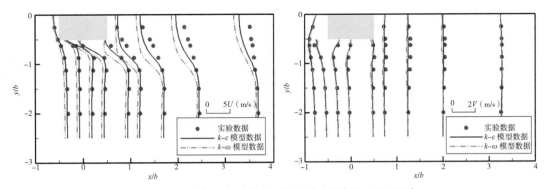

图 3.5　流向速度 U 和展向速度 V 的水平分布图（z/b=1.25 平面）

来源：Davidson et al.，1996

3.5.2　建筑群的风洞试验验证

为了证明所选用的方法可适用于城市建筑群，对风洞试验中的交错建筑阵列进行了数值计算模拟，通过数值计算结果和实验测量数据的比较对 CFD 方法的准确性和有效性进行检验。文献对该建筑阵列有详细描述，建筑阵列由 39 个边长 a 为 0.12m 的正方体模型组成，建筑模型之间的距离为 $2a$。实验中的点源位于建筑阵列前方 $10a$ 处（图 3.6）。

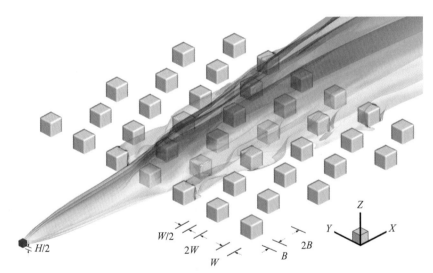

图 3.6　建筑阵列示意（建筑阵列由 39 个灰色障碍物组成，源是建筑阵列前面的红点）

来源：Davidson et al.，1996

计算网格如图 3.7 所示，流向范围 $X \in [-150a, 225a]$，横向范围 $Y \in [-160a, 160a]$，垂直方向范围 $Z \in [0, 100a]$。生成了三组网格进行网格敏感性测试，网格单元数分别为 65 万、211 万和 718 万，分别对应粗网格、中等网格和密网格（图 3.8）。无量纲时间步长设为 0.05。

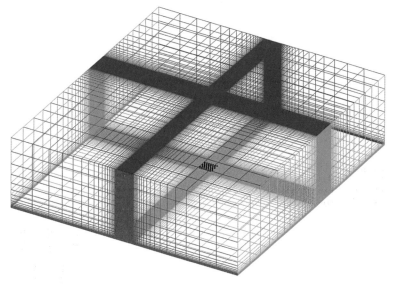

图 3.7　建筑阵列计算网格

（不同颜色表示不同边界条件。红色为入口边界，绿色为对称边界，蓝色为出口边界，橙色为地面，黑色为建筑阵列）

来源：Davidson et al.，1996

首先进行定常 RANS 计算，为非定常 RANS 计算提供合适的初始数据。验证算例是在 16 节点计算机（AMD Ryzen 7 1700 八核处理器，主频 3.00GHz，内存 16GB）上计算的。图 3.8 给出了三组 CFD 计算结果与实验结果的对比：图 3.8（a）给出了 $z = a/2$ 时速度分量 U 的空间（Y 方向）和时间平均值；图 3.8（b）给出了第五排后面 $z = a/2$ 处的水平平均浓度分布。可以看

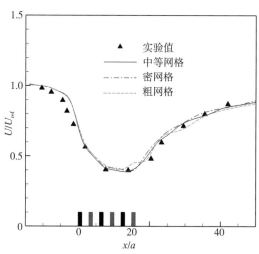

（a）$z=a/2$ 时速度分量 U 的空间（Y 方向）和时间平均值
（U_{ref} 是速度在 $x/a=-16$ 时的大小）

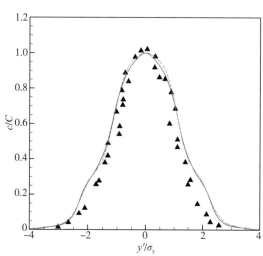

（b）横向穿过第五排建筑后方的羽流水平平均浓度分布
（c 是平均浓度；C 是最大中心线平均浓度；$y'=y-y_{cl}$，y_{cl} 是羽流中心线的坐标；σ_y 是羽流横向扩展宽度）

图 3.8　网格敏感性分析

来源：Davidson et al.，1996

出，数值结果与实验数据吻合良好。绿色虚线（粗网格）与另外两组 CFD 结果稍有不同。另外两组结果，蓝色实线和红色虚线几乎重合。因此，中等网格足够精细，可以获得与网格量无关的结果。图 3.9（a）和（b）展示了中等网格得到的速度分量 U 时间平均值在 $y = 0$ 平面和 $z = a/2$ 平面上的垂直和横向分布，计算结果与实验结果吻合良好。因此，本书 CFD 方法适用于复杂建筑环境中的污染物扩散模拟。

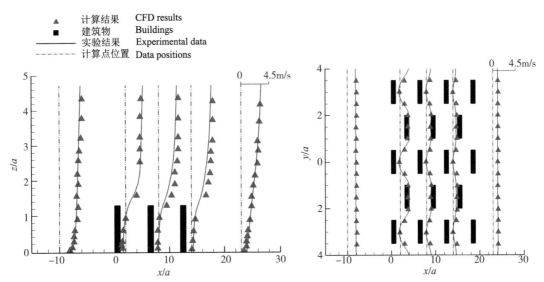

（a）建筑物阵列对称面 $y=0$ 上速度分量 U 时间平均值的垂直分布　（b）平面 $z=a/2$ 上速度分量 U 时间平均值的横向分布

图 3.9　速度分量时间平均结果的空间分布

（红色三角为实验数据，蓝色实线为数值结果，灰色点划线为计算点位置，黑色区域为建筑物）

来源：Davidson et al.，1996

3.6　本章小结

本章将 CFD 方法的控制方程和计算原理进行了梳理，以 Navier–Stokes 方程作为控制方程；选取 k–ε 模型作为计算模型；为了保证计算方法的准确性，对本书所选取的计算模拟方法进行了验证，并且同具体的实验数据进行了比较，结果显示与实验结果吻合良好，方法选取准确有效。

4 风与污染物扩散效率对应关系研究——临界风速的确定

传统上对空气质量优劣的判定方法是利用在一些特殊点布置空气质量测试仪器获得相应点空气中各组分污染物浓度值来代表某一区域空气质量的好坏。这种方法只能大致表征某一区域空气质量在某一固定时间的优劣，对于城市微气候环境空气质量在空间和时间上的连续性表征效果较差。因此，本书立足污染形成的原因，从风环境的角度探讨其与空气质量之间的关联关系。在污染源不变的情况下，足够的通风能有效稀释扩散空气中的污染物，然而足够的通风却没有一个明确的标准。研究在此基础上，试图建立一个简易的判定方法，将风速与污染物浓度直接关联，通过风速表征通风效率，通过建立空气污染物浓度、风速与时间效率之间的关系模型，探求影响空气污染物浓度变化的临界风速值，以此作为判定空气质量优劣的依据。此指标的提出，借助于 CFD 的城市风场模拟，可以快速地对某一时间、某一区域空气质量好坏进行表征，并且实时可视化地呈现城市某一区域空气污染区域分布，为在室外活动的人群提供必要的健康活动场所指引。研究的目的在于判定风速、空气质量（污染物浓度）以及设计要素之间的关联，研究的基础即是以风速为桥梁，通过设计手段改善通风条件，进而实现对污染物浓度的有效稀释（图 4.1）。因此，风速与污染物扩散之间的定量关系研究成为首先需要解决的问题。

图 4.1　城市设计、风以及空气质量的关联

4.1　临界风速值的研究背景及逻辑框架

4.1.1　研究背景

风对于空气中的污染物具有搬运作用。在污染源不变的情况下，有效的通风决定了空气中污染物的浓度水平，通风效果越好，空气交换速率越快，空气中污染物被稀释的概率越大。现有的关于城市通风的指标包含三个方面：①以风力大小划分的风级标准；②以人的舒适性与安全性定义的风速阈值标准；③以城市通风效能定义的相关指标。这些研究在前面的综述中进行了详细的列举，这里不再具体说明。总之，当前的研究证实了风是影响空气质量的重要因素，但是这种影响的程度却没有一个定量的划分，已有的风环境判定方法的出发点都是参照人的舒适性和安全性原则，主观性强，且不涉及风速对空气中污染物的搬运作用，故而很难通过参照上述标准实现对城市空气质量的评价与改善。本书针对这一缺陷，提出明确的通风效率参考值域，量化了风速对空气中污染物的搬运作用。

弥补当前规划设计中关于通风的量化标准。当前的城市规划，关于环境背景信息利用、开发强度控制以及布局设计手法方面都有一套相对完整的设计规范指引。比如：环境背景信息利用中，关于地基承载力、日照时数等已有明确设计标准。开发强度控制中，关于容积率、建筑密度以及绿化率都有相应的控制指标。布局设计手法中，建筑间距、道路分级设计等已有确切的设计准则。然而关于城市通风,现有的规划设计只有对风向的利用选择,诸如污染类工业应布局于主导风向下风向,对于设计中的通风效率定量评价却没有可以参考的标准。因此,研究有效通风的临界风速值域并研究其分布规律,对于城市规划和建筑设计规范的完善具有重要的意义。

4.1.2　逻辑框架

本书的研究逻辑框架如图 4.2 所示。首先将风与城市规划设计进行关联,筛选其中的通风问题作为研究对象,在此基础上探讨基于空气质量的通风效率量化问题。研究主要分为四个阶段:①临界风速值的判定,此阶段研究风与空气质量的关联关系,获得评价风能有效扩散空气中污染物的判定标准。②临界风速区的识别,对现有的城市规划设计案例进行风场计算,对照此标准,获得城市通风效果现状分布,识别城市空间中的空气滞留区。③临界风速比的计算,此阶段主要通过计算城市空间中临界风速值域面积的比例获得对某一区域空气质量优劣的评价,即临界风速比越高,通风效果越差,空气质量越差。④优化设计,此阶段为利用

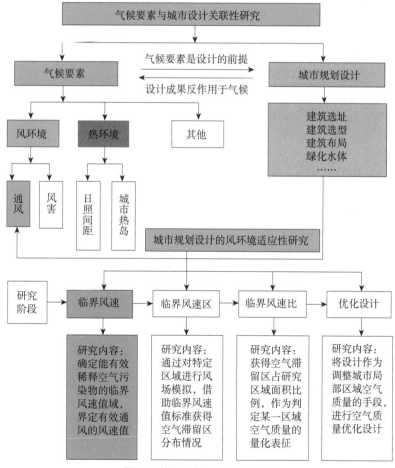

图4.2　临界风速值判定的逻辑框架

城市规划设计手段能动性对城市通风效果进行改善的阶段。通过规划设计调整局部气流流通路径，减少气流在空间上流通的障碍，实现对局部空间空气质量的优化。

本章关于临界风速值域判定的整体思路：首先建立一个理想的空气流通模型，模型的来流条件为一定风速条件下持续吹入此模型中的干净空气，理想模型空间中污染物有一定浓度，通过计算这些干净空气将模型中某监测点上的污染空气全部替代所花的时间来确定污染物扩散效率。在此过程中，风速足够大，污染物被完全替代的时间短，污染物扩散效率高；风速不够大，污染物完全被替代的时间长，污染物扩散效率低。将这两种状态中间的风速条件作为不能高效扩散空气中污染物的临界风速值域取值区，通过在此区间选取更多的风速值，获得最后的临界风速值。关于临界风速的判定，只是后续研究中规划设计需要让风速达到的一种理想状态，最终落脚点在于实现通过设计布局对空气质量的响应。

4.2 方法描述

在第三章中已经将研究所用到的基本算法和方程进行了梳理，本节只将用到本部分研究中的具体方程进行说明。

4.2.1 计算方程

空气中污染物浓度是评价空气质量的主要指标，污染物的有效扩散是改善空气质量的有效途径。污染物扩散可视为多组分流体流动，由可压缩真实气体 Navier–Stokes 方程控制，如下所示：

$$\frac{\partial \boldsymbol{Q}}{\partial t} + \frac{\partial \boldsymbol{F}_i}{\partial \boldsymbol{x}_i} - \frac{\partial \boldsymbol{G}_i}{\partial \boldsymbol{x}_i} = \dot{\boldsymbol{S}} \tag{4.1}$$

其中，$\boldsymbol{Q}$ 是流动守恒变量，$\boldsymbol{F}_i$ 是无黏（对流）通量，$\boldsymbol{G}_i$ 是黏性通量，$\dot{\boldsymbol{S}}$ 是源项。具体如下：

$$\boldsymbol{Q} = \begin{bmatrix} \rho \\ \rho \boldsymbol{u}_i \\ e \\ \rho \sigma_1 \\ \vdots \\ \rho \sigma_{N-1} \end{bmatrix}, \quad \boldsymbol{F}_i = \begin{bmatrix} \rho \boldsymbol{u}_i \\ \rho \boldsymbol{u}_i \boldsymbol{u}_j + p \delta_{ij} \\ \boldsymbol{u}_i (e+p) \\ \rho \boldsymbol{u}_i \sigma_1 \\ \vdots \\ \rho \boldsymbol{u}_i \sigma_{N-1} \end{bmatrix}, \quad \boldsymbol{G}_i = \begin{bmatrix} 0 \\ \tau_{ij} \\ \boldsymbol{u}_k \tau_{ki} - \boldsymbol{q}_i \\ \rho D \, \partial \sigma_1 / \partial \boldsymbol{x}_i \\ \vdots \\ \rho D \, \partial \sigma_{N-1} / \partial \boldsymbol{x}_i \end{bmatrix} \tag{4.2}$$

其中，ρ 是密度，p 是压力，e 是总能，u_i 是在 x_i 方向上的速度分量，而 σ_i 是组分 i 的质量分数。组分扩散通过 Fick 二元扩散定律描述，假设所有组分以相同方式扩散到另一个组分中。D 为扩散常数，层流 Schmidt 数设为 0.7。τ_{ij} 由牛顿流体黏性应力公式给出，$\boldsymbol{q}_i$ 由 Fourier 热传导定律定义。

4.2.2　CFD 计算设置

基于有限体积法，采用二阶精度离散化方法求解三维 RANS 方程。时间积分采用欧拉隐式格式，能够在求解过程中保持较好的稳定性。采用双时间推进求解非定常 RANS 方程进行瞬态模拟。为了提高计算效率，引入了多重网格加速技术和 Courant–Friedrichs–Lewy（CFL）数自动调整方法。采用可实现 k-ε 湍流模型，并引入相应的组分附加方程，求解真实气体 RANS 方程组，对污染物扩散过程进行多组分模拟。

计算网格为结构网格，由 ANSYS ICEM CFD 生成，通过结构分块函数将计算区域离散为六面体单元。通过在建筑物表面和地面等固体表面边界附近生成 O 网格，得到分辨率更高的近壁面密网格。两个连续网格单元之间的体积比不高于 1.2，物面第一个单元高度设置为1mm。网格生成后应进行网格敏感性分析，以验证网格大小对 CFD 模拟的影响。

在地面和建筑物表面的固体壁面上施加无滑移壁面边界条件，对称边界条件定义在计算域的横向边界，计算区域的顶部和出口采用零梯度流出边界条件。对于入流边界条件，如果未给出入流剖面速度分布，则引入完全湍流边界层的对数部分来定义入流剖面，同时考虑大气边界层：

$$U = \frac{U^*}{\kappa} \ln\left(1 + \frac{z}{z_0}\right), \ k = \frac{U^{*2}}{\sqrt{C_\mu}}, \ \varepsilon = \frac{U^{*3}}{\kappa(z + z_0)} \tag{4.3}$$

式中，$U^* = \sqrt{\tau/\rho}$ 为摩擦速度（湍流剪切应力 τ 为湍流剪切应力，ρ 为空气密度），z 为离地垂直坐标，z_0 为地面粗糙度，κ=0.41，C_μ=0.09。

4.2.3　高度选取说明

污染物在城市密集区的扩散与城市大气分层密切相关，如图 4.3 所示。依据城市在垂直方向的粗糙度差异，将城市大气分为群房层、城市冠层、粗糙度子层以及城市边界层。

大气环流稀释污染物一般是两个方向，水平方向的湍流扩散以及垂直方向的层流扩散。一般而言，层流扩散在大尺度表现明显，而湍流扩散则集中表现在城市局部小尺度空间气流分层。从裙房层到城市边界层，城市设计要素对空间的影响逐渐减弱，因此研究城市设计要素对城市空间空气质量的影响多选择城市冠层以下，在此范围的空间里，设计要素作用于气流变化更为明显。

研究选取的计算高度为 1.5m。1.5m 是行人层面风环境研究所选取的风场截面高度，在前文关于行人层面风环境评价标准的研究综述中，列举了大量学者关于行人层面风环境研究的高度取值，均为 1.5m，选取的依据是成年人呼吸器官（鼻子）距离地面的平均高度。需要说明的是，选取的 1.5m 高度上的风环境判定指标，不能代表室外整体空气质量的优劣，因为垂直空间上，风速差异大，对空气质量影响亦不同，因此，本书的指标是与人的健康进行了关联，仅代表人在室外活动时，主要吸入空气的空气质量水平。

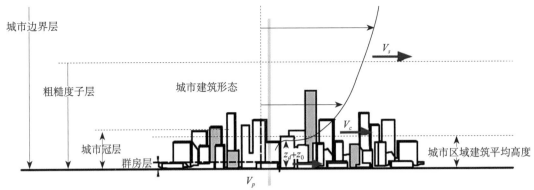

图 4.3　大气分层示意（V_p 为行人高度的风速，地面以上 1.5m；V_c 为城市冠层顶部风速；
V_s 为粗糙度子层顶部的风速）。根据幂指数表达式绘制风速剖面

来源：顾兆林 等，2014

4.2.4　具体方法实施

为了根据大气污染物的扩散效率得到合适的临界风速，建立了理想化大气污染物扩散模型并进行了系列模拟。理想模型由 100m 长、100m 宽的地面，地面上 100m 高的污染空气和入口的洁净空气组成。入口风速剖面由式（4.4）给出。地面粗糙度 z_0=0.001m，计算域为边长 100m 的立方体。计算网格由 ANSYS ICEM CFD 生成，包含 100 万个六面体单元，在地面和入口附近进行了适当加密，如图 4.4 所示。为了研究低风速条件下自然空气对污染空气的净化作用，假设初始时刻计算域内为重度污染空气（空气质量指数 AQI 为 500），只考虑三种主要污

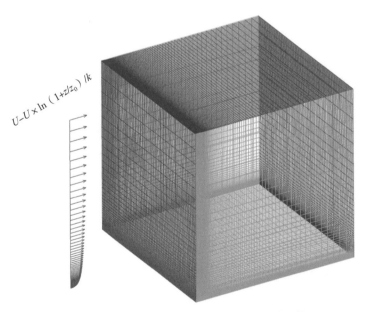

图 4.4　大气污染物扩散理想模型及其 CFD 模拟计算网格

染物——SO_2、NO_2 和 $PM_{2.5}$，入口来流为满足大气边界层风速廓线对数分布的无污染洁净空气，计算过程中记录距离入口 50m，距离地面 1.5m 处（以下简称"模型中心监测点"）三种污染物浓度随时间的变化情况，如图 4.5 所示。

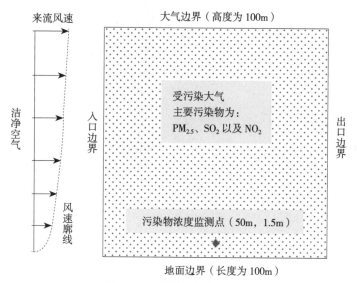

图4.5 数值模拟研究对象示意图

从全局来看，某一特定地区空气污染物浓度的临界风速值在多个特定因素的影响下确实具有明显的局地特性，即不同地区的临界风速是有不同特点的。站在全局角度，这些不同特点难以采用某一特定风速值进行评判。因此，换个角度，从局部来看，用离散化思想可将每个特定区域离散为一些小的区域。只要这些离散区域足够小，就可近似为平整的广场地面与上方空气构成的理想模型，即本书确定临界风速的理想化模型。利用这一临界风速，即可判定哪些小的离散区域为空气滞留区，哪些离散区域为非空气滞留区。最后将所有属于低风速区的离散化区域面积相加即可获得该特定区域的静风区面积。这样就通过离散化思想建立了一个具有一定普适性的评价模型。

以非定常不可压多组分 Navier-Stokes 方程为控制方程，采用欧拉多相流模型模拟 $PM_{2.5}$ 污染物颗粒在大气中的扩散流动，湍流模型采用可实现 k-ε 模型。通过有限体积法进行求解，空间离散采用二阶迎风格式，时间离散采用二阶隐式格式，通过双时间迭代进行非定常计算，时间步长取 0.01s。假设在初始时刻，计算域内主要污染物 SO_2 和 NO_2 的质量分数分别为 0.0245 和 0.0163，$PM_{2.5}$ 浓度为 0.03kg/m^3。计算域地面边界采用无滑移壁面边界条件，入口边界为通过大气边界层模型得到的满足对数分布律的速度入口边界条件，出口边界为负压为 0 的出流边界条件，大气边界采用插值边界条件。高度 100m 处风速为 1m/s 的风速廓线如图 4.6 所示。物面边界上 y^+ 约为 10，因此在物面边界条件中还采用了壁面函数提高计算精度，计算网格如图 4.7 所示。

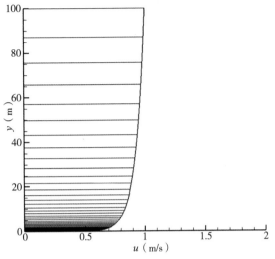

图4.6 入口边界上随高度变化的来流风速

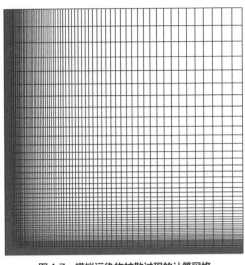

图4.7 模拟污染物扩散过程的计算网格

$$U = \frac{u^*}{\kappa} \ln\left(1 + \frac{y}{y_0}\right)$$

$$k = \left(u^*\right)^2 \Big/ \sqrt{C_\mu} \qquad\qquad (4.4)$$

$$\varepsilon = \frac{\left(u^*\right)^3}{\kappa\left(y + y_0\right)}$$

4.3 临界风速的界定

为了评价不同环境下的室外通风效果，在4种风速（0.5m/s、1.0m/s、2.0m/s、3.0m/s）、4种气压（99325Pa、100325Pa、101325Pa、102325Pa）和气温（-15℃、0℃、15℃、30℃）条件下，对大气污染物扩散进行了模拟。共计算了64个非稳态污染物扩散模拟算例，见表4.1。所有这些模拟都是在4台CPU为AMD Ryzen 71700八核处理器的个人电脑上进行的，64个算例用了近3个月的时间。

64个样本来流条件 表4.1

算例编号	风速U（m/s）	气压P（Pa）	气温T（℃）
1，2，3，4	3	102325	30，15，0，-15
5，6，7，8	3	101325	30，15，0，-15
9，10，11，12	3	100325	30，15，0，-15
13，14，15，16	3	92325	30，15，0，-15
17，18，19，20	2	102325	30，15，0，-15

算例编号	风速U（m/s）	气压P（Pa）	气温T（℃）
21，22，23，24	2	101325	30，15，0，-15
25，26，27，28	2	100325	30，15，0，-15
29，30，31，32	2	92325	30，15，0，-15
33，34，35，36	1	102325	30，15，0，-15
37，38，39，40	1	101325	30，15，0，-15
41，42，43，44	1	100325	30，15，0，-15
45，46，47，48	1	92325	30，15，0，-15
49，50，51，52	0.5	102325	30，15，0，-15
53，54，55，56	0.5	101325	30，15，0，-15
57，58，59，60	0.5	100325	30，15，0，-15
61，62，63，64	0.5	92325	30，15，0，-15

在 1.5m 高度处，风速分别为 0.5m/s、1.0m/s、2.0m/s、3.0m/s 时，全局时间分别设置为 200s、100s、50s、40s，以保证在整个计算域内对每种情况进行完整的扩散模拟。当风速为 3.0m/s，$t=1.0$s 时五个 XZ 平面切片上的 SO_2 质量分数，如图 4.8 所示，可见，左侧的清洁空气（蓝色）开始取代右侧的污染空气（红色），由于 RANS 方法的雷诺平均假设，五个切片上的污染物浓度分布基本相同。整个非定常污染物扩散过程是从最初的污染空气到最终的清洁空气，其他风速下的污染物扩散云图也与之类似。图 4.8 中间 XZ 平面上四个不同扩散时间（$t=5.0$s、$t=10.0$s，$t=15.0$s，$t=20.0$s）的污染物扩散情况如图 4.9 所示。

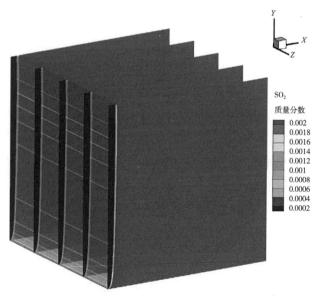

图 4.8　$t=1.0$s 时 XZ 平面切片的 SO_2 质量分数（$U_{z=1.5m}=3.0$m/s）

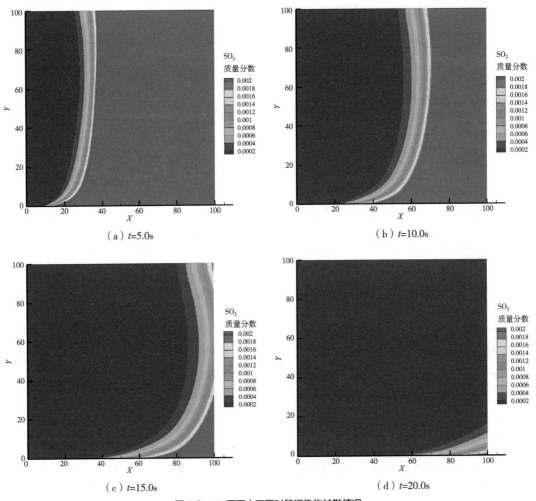

（a）t=5.0s

（b）t=10.0s

（c）t=15.0s

（d）t=20.0s

图4.9 XY平面中不同时段污染物扩散情况

64种情况下中心监测点的SO₂扩散过程如图4.10所示。图中看起来只画了四种不同风速下的四条曲线，但每条"曲线"包含16个相同风速但不同气压和气温的情况。这说明风速在这些因素中起着决定性的作用。风速越大，污染物扩散开始时间越早，扩散过程周期越短（从空气质量分指数为IAQI为500的结束时间到清洁空气的开始时间）。

64个算例下的污染物扩散周期，如图4.11所示。T_1是IAQI从500到400的时间，T_2是IAQI从500到300的时间，T_3、T_4、T_5、T_6和T分别为IAQI从500到200、150、100、50和0的时间。所有算例的上述时间见表4.2。从该表可以看出，风速决定了污染物的扩散时间，污染物的扩散时间与大气压力或温度之间没有明显的线性关系。时间T代表从开始感觉到风，到呼吸的空气变得完全干净的时间。

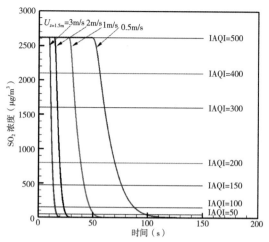

图 4.10 模型中心监测点 64 个算例 SO₂ 浓度扩散过程

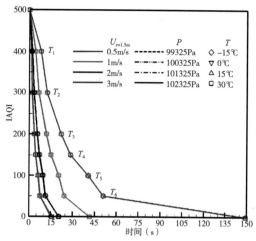

图 4.11 模型中心监测点 64 种情况下污染物扩散时间段，从 IAQI 为 500 到逐渐开始被清洁空气替代

模型中心监测点64个算例污染物扩散的不同时间统计　　　　表4.2

算例编号	T_1（s）	T_2（s）	T_3（s）	T_4（s）	T_5（s）	T_6（s）	T（s）
1	1.35	2.05	3.49	4.41	6.13	7.47	15.82
2	1.35	2.06	3.50	4.44	6.16	7.49	15.70
3	1.36	2.07	3.54	4.49	6.24	7.58	15.30
4	1.37	2.08	3.57	4.54	6.33	7.69	15.00
5	1.36	2.07	3.49	4.42	6.14	7.48	15.77
6	1.36	2.07	3.52	4.45	6.18	7.52	15.57
7	1.36	2.07	3.54	4.49	6.24	7.59	15.27
8	1.37	2.09	3.57	4.54	6.31	7.67	15.14
9	1.35	2.05	3.49	4.41	6.13	7.47	15.75
10	1.36	2.06	3.51	4.45	6.18	7.52	15.59
11	1.37	2.07	3.54	4.48	6.23	7.57	15.30
12	1.37	2.08	3.57	4.53	6.30	7.65	15.16
13	1.36	2.06	3.50	4.42	6.14	7.48	15.89
14	1.36	2.06	3.52	4.45	6.18	7.53	15.61
15	1.36	2.07	3.54	4.49	6.23	7.58	15.31
16	1.37	2.09	3.57	4.53	6.31	7.66	15.16
17	2.16	3.28	5.58	6.98	9.43	11.25	20.46
18	2.17	3.29	5.59	7.00	9.47	11.30	20.58
19	2.17	3.29	5.60	7.02	9.50	11.33	20.54
20	2.17	3.29	5.63	7.06	9.57	11.41	20.63

算例编号	T_1 (s)	T_2 (s)	T_3 (s)	T_4 (s)	T_5 (s)	T_6 (s)	T (s)
21	2.16	3.28	5.57	6.97	9.42	11.24	20.54
22	2.16	3.28	5.58	6.98	9.44	11.27	20.54
23	2.16	3.28	5.59	7.01	9.48	11.32	20.54
24	2.17	3.29	5.62	7.06	9.56	11.40	20.62
25	2.16	3.28	5.57	6.97	9.43	11.25	20.50
26	2.16	3.28	5.59	7.00	9.46	11.29	20.57
27	2.17	3.29	5.60	7.02	9.50	11.33	20.57
28	2.17	3.29	5.63	7.06	9.57	11.42	20.63
29	2.16	3.28	5.57	6.97	9.42	11.25	20.50
30	2.16	3.27	5.58	6.98	9.45	11.28	20.61
31	2.17	3.28	5.60	7.02	9.50	11.34	20.64
32	2.17	3.30	5.63	7.06	9.57	11.42	20.62
33	4.18	6.48	11.85	15.08	20.45	24.20	41.55
34	4.18	6.49	11.85	15.09	20.45	24.20	41.54
35	4.19	6.50	11.87	15.10	20.48	24.23	41.57
36	4.18	6.49	11.84	15.07	20.45	24.21	41.55
37	4.18	6.48	11.83	15.06	20.45	24.21	41.57
38	4.18	6.48	11.84	15.07	20.44	24.18	41.53
39	4.18	6.49	11.86	15.10	20.47	24.23	41.56
40	4.19	6.49	11.85	15.08	20.45	24.20	41.55
41	4.18	6.48	11.83	15.06	20.45	24.21	41.57
42	4.18	6.48	11.84	15.08	20.45	24.20	41.55
43	4.18	6.49	11.82	15.05	20.42	24.18	41.54
44	4.18	6.49	11.85	15.07	20.44	24.19	41.54
45	4.18	6.48	11.82	15.06	20.44	24.21	41.57
46	4.18	6.48	11.84	15.07	20.44	24.19	41.54
47	4.19	6.50	11.86	15.09	20.46	24.22	41.56
48	4.18	6.49	11.85	15.08	20.45	24.19	41.54
49	8.03	12.28	22.09	28.49	40.57	50.91	149.12
50	8.05	12.31	22.12	28.51	40.58	50.91	149.07
51	8.05	12.31	22.12	28.50	40.56	50.89	149.07
52	8.06	12.32	22.13	28.51	40.56	50.89	149.02
53	8.03	12.28	22.09	28.49	40.57	50.91	149.12
54	8.05	12.31	22.12	28.51	40.58	50.91	149.07

算例编号	T_1（s）	T_2（s）	T_3（s）	T_4（s）	T_5（s）	T_6（s）	T（s）
55	8.05	12.31	22.12	28.50	40.55	50.89	149.07
56	8.07	12.33	22.14	28.52	40.57	50.90	149.03
57	8.03	12.28	22.10	28.49	40.57	50.91	149.12
58	8.04	12.30	22.11	28.51	40.57	50.91	149.06
59	8.05	12.31	22.12	28.50	40.56	50.89	149.07
60	8.07	12.33	22.14	28.52	40.57	50.90	149.03
61	8.03	12.28	22.10	28.50	40.58	50.92	149.12
62	8.05	12.31	22.12	28.52	40.59	50.92	149.07
63	8.05	12.31	22.12	28.50	40.56	50.89	149.07
64	8.07	12.33	22.14	28.53	40.58	50.91	149.03

不同风速条件下的 SO_2、NO_2 和 $PM_{2.5}$ 的扩散过程，如图 4.12 所示。风速越高，污染物扩散越快、扩散时间越短。共计算了 16 个不同风速下的污染物扩散时间，结果见表 4.3 所列。将这 16 个点通过最小二乘法进行曲线拟合，三种拟合函数得到的拟合曲线如图 4.13 所示，红色实线为幂函数拟合结果，绿色点划线为多项式拟合结果，蓝色虚线为指数函数拟合结果。三条曲线的拟合函数依次为：

$$y=42.4786x^{-0.8955} \tag{4.5}$$

$$y=260.2-375.1x+206.2x^2-50.03x^3+5.418x^4-0.2127x^5 \tag{4.6}$$

$$y=54.3802e^{-0.2715x} \tag{4.7}$$

不同风速下污染物在模型中心监测点的扩散时间 T 表4.3

$U_{z=1.5}$（m/s）	T（s）	$U_{z=1.5}$（m/s）	T（s）	$U_{z=1.5}$（m/s）	T（s）	$U_{z=1.5}$（m/s）	T（s）
0.2	214.118	1.05	39.856	1.4	29.721	3.0	13.913
0.5	84.455	1.1	38.022	1.5	27.805	5.0	11.705
1.0	41.818	1.2	34.737	2.0	20.796	7.0	8.418
1.04	40.272	1.3	32.062	2.5	16.645	10.0	5.955

三条曲线中，幂函数拟合误差最小，且与计算结果吻合良好，能够反映出污染物扩散时间与风速之间的对应关系。幂函数拟合结果的幂指数为负数，根据相应幂函数曲线的特性，在第一象限内，该函数单调递减，有两条渐近线（即坐标轴），x 趋近于 0 时函数值趋近无穷大，x 趋近无穷大时函数值趋近于 0，当 $0<x<1$ 时函数值变化剧烈，当 $x>1$ 时函数值变化平缓。结合曲线代表的物理意义，可以看出：当风速小于 1m/s 时，污染物扩散时间随风速的增加迅速

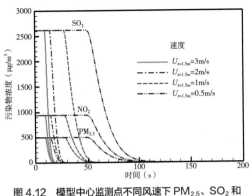

图 4.12　模型中心监测点不同风速下 PM$_{2.5}$、SO$_2$ 和 NO$_2$ 浓度的时程

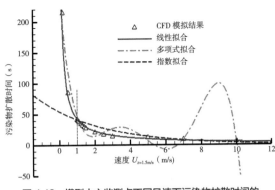

图 4.13　模型中心监测点不同风速下污染物扩散时间的计算结果及拟合曲线

降低，污染物扩散效率较低；当风速大于 1m/s 时，污染物扩散时间随风速的增加而平缓降低，污染物扩散效率较高。因此，可以将 1m/s 作为影响大气污染物扩散效率的临界风速值。

4.4　本章小结

　　研究建立了风速、污染物浓度以及时间三者之间的关系模型，通过多轮数值模拟计算，确定了能有效扩散空气中的污染物，进而实现对空气质量改善的风速标准，即临界风速值，具体大小确定为 1.0m/s（人行高度上 1.5m）。此指标是一个便捷快速判定城市通风效率的指标，它确定了城市风场对城市污染物搬运稀释能力的有效性值域，即当风速小于 1.0m/s 时，容易形成空气滞留区，污染物容易集聚。

　　此指标是一个普适性的判定指标，弥补了之前研究中各种风环境判定指标在不同的城市区域使用时判定结果不一致的缺陷。此指标可以用来评估城市建成区或城市规划设计方案的通风情况，可以通过改变来流条件的输入，获得城市建成区或城市设计方案常年通风效率、实时通风效率以及未来通风效率，即输入常年平均风速、主导风向，可以获得方案整体的通风规律。输入实时风速、风向指标，可以获得研究区域实时空气质量优劣分布，输入未来预测的风速、风向数据，可以预测未来空气污染坐标。

　　临界风速值域的判定是研究城市规划设计与城市空气质量关联性的基础，在下一章以它为判定标准，综合分析城市规划设计要素与城市空气质量之间的关联关系，获得设计要素对城市空气质量影响的规律性结果，为立足于设计改善城市空气质量的研究奠定基础。

5 城市设计要素与空气质量
相关性研究

城市空气质量受城市规划设计的影响，良好的城市规划设计会改善城市空气质量。然而，对于城市这样的复杂巨大系统，设计包含的要素手段多种多样，要实现通过设计改善城市空气质量，首先需要建立与城市空气质量密切相关的设计要素系统，并计算各设计要素与城市空气质量之间的相关性系数，确定每一个设计要素对城市空气质量影响的强弱排序，只有在此基础上对设计进行有针对性的调整才会达到优化城市局部空气质量的效果。在本书第4章中将空气质量（污染物浓度）与风环境（风速）进行了关联性模拟研究，得出了风环境（风速）与城市空气质量（污染物浓度）的对应关系，确定了风环境（风速）改善城市空气质量（污染物浓度）的最低有效阈值。本章将对设计要素是如何通过风环境影响城市空气质量的问题进行详细阐释，并对各设计要素指标对城市空气质量的影响关联性强弱排序，为基于设计调整城市空气质量的研究奠定基础。

5.1 城市设计要素选取

5.1.1 要素选取原则

城市规划设计包含庞杂的设计要素，合理的要素指标选取对于要素系统与城市空气质量的相关性研究结果具有重要影响。为了构建基于对城市通风有重要影响的要素指标系统，要找到影响城市空气质量最直接有效的设计要素。要素的选取遵循以下原则：

1. 科学性与规范性原则

要素指标体系的科学性、规范性会直接影响模拟结果的真实性、准确性。在要素选择的过程中要遵循科学性原则，即选取的要素是主体主要特征与内涵的体现。遵循规范性原则是指对每个要素指标的名称、定义、计算方法和内涵都要有清晰透彻的了解，不能随意增减指标。

2. 系统性和全面性原则

要素选择的系统性和全面性则是要注意各要素之间的内在联系，且保证每个要素能代表某一方面最多的信息，避免一味地列举，要素选择要在精不在多，同时，也不能一味地精简要素，那些能代表主体特性的要素要尽可能全面地选取，避免遗漏。

3. 简洁性和有效性原则

要素选择还应做到简洁、有效，有目的地选取那些最能反映主体特征，包含信息量最大的设计要素，避免重复工作。

4. 时代性和可行性原则

要素选择还应考虑时代性和可行性。选择的影响城市空气质量的设计要素指标尽量是最新最常用的特征要素，避免选择不再使用的要素指标。另外，还应注意选取要素特征值是否容易获取与量化，慎选不易获取的指标要素，以免阻碍研究进程。

5.1.2 要素系统建立

本书在要素指标的选取上，参照了城市规划设计规范中的各种指标，借鉴了已有的关于城市规划设计要素与城市通风效果关联性研究的成果，主要从三个方面遴选要素指标。

（1）环境背景层面。这一部分是设计的基础，同时也是影响城市通风的决定性因素，选取的指标包括：与风环境直接相关的风速、风向指标以及与空气动力学密切相关的地面粗糙度指标。

（2）布局设计要素层面。城市规划中对设计手法的选择一般遵循功能与美学，且大多数布局设计要素难以量化，因此本书选取的布局设计要素指标仅包含易于量化的各种建筑布局设计手法以及与城市通风密切相关的风道和广场设计手法，不包含所有的布局设计要素，这是本研究存在的不足，未来全面实现设计的参数化以及引入人工智能的设计手段将能有效解决这一问题。

（3）开发强度方面。这一部分的指标主要参照控规的内容，选取容积率与建筑密度作为评价指标。至于绿地率，在城市通风效果上表征的就是地面粗糙度的变化，因此为避免与之前的粗糙度指标重复，这里不单独列出。

基于影响城市空气质量（污染物浓度）的设计要素指标系统如图 5.1 所示。

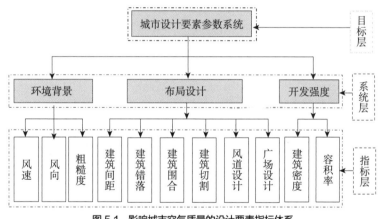

图 5.1 影响城市空气质量的设计要素指标体系

指标体系分为三个层次。其中，目标层为影响城市空气质量的设计要素参数系统；系统层分为环境背景要素、布局设计要素、开发强度要素；指标层中将风速、风向与粗糙度归为环境背景要素系统，将建筑间距、建筑错落、建筑围合、建筑切割、风道设计以及广场设计归为布局设计要素系统，将容积率和建筑密度归类为开发强度要素系统。其中，每一个具体指标的释义、计算方法以及与城市空气质量的关联性解释如下：

（1）风速。风速是指空气相对于地面某一固定地点的运动速率，是衡量风力大小的指标，单位为 m/s，一般采用风速仪对其进行测定。风速的大小与空气中污染物的扩散效率直接相关，风速大小决定了空气的自净能力。

（2）风向。风向是指风吹来的方向。一般情况下，一个地区的风向瞬时变化很大，因此，用风频表征某一地区的常年主导风向。具体的计算方法为：风向频率 = 某风向出现次数 / 风向的总观测次数 × 100%。风向决定了空气中污染物扩散的目标地，即主导风向的下风向往往容易造成空气污染。

（3）粗糙度。本书讨论的粗糙度主要从空气动力学上进行理解，因地表起伏不平或地物本身几何形状的影响，风速为 0 的位置距离地表的高度即为空气动力学粗糙度，单位为 m。粗糙度反映地表对风速的消减作用，因此它也是影响通风效果的重要因素。

（4）建筑间距。建筑间距指建筑外墙间的水平距离，单位为 m。本书中特指建筑物开间面间的距离。山墙面间的距离变化会导致透气性、通风廊道等多个要素的变化，在通风廊道的要素变化里进行了研究，这里不做讨论。建筑间距的变化会导致场地空旷区域位置的变化，进而影响通风路径，因此也是影响城市通风的重要因素之一。

（5）建筑错落。指相对于某一栋或某一排建筑，建筑位置的水平或垂直移动，使建筑前后或左右并不与前面的建筑对齐。建筑错落会影响通风路径的连贯性，对风形成阻挡，引起风场路径的变化。

（6）建筑围合。指相邻的两排建筑围合形成庭院空间，或建筑围绕某一中心区域布置。建筑围合会有效阻挡风进入内部庭院空间，且随着围合程度的高低而表现出挡风能力的差异，即建筑围合同样影响通风效果。

（7）建筑切割。指在建筑单体面积不变的情况下，对建筑进行横向、竖向的切割，即让建筑单体由两个或多个体块构成，如图 5.2 所示。这种改变会形成多个通风通道，让气流更加均衡地在研究区域内流通，因此建筑切割也是影响城市通风的重要手段。

（8）风道设计。风道指城市通风廊道。如果把城市看成一个封闭的区域，风道就是其直接从外界获取新鲜空气的重要通道，也是空气交换流通的重要场所，因此，风道的有无、大小，以及其与风向的关系成为影响城市空气质量的重要指标。

（9）广场设计。广场指城市中的开敞空间。广场的存在，给城市街区营造了足够的开敞空间，也是每一个城市室外人流集中的场所。不但其本身影响城市空气质量，空气质量的好坏对它也有重要的意义。

（10）容积率。指一个小区的地上总建筑面积与净用地面积的比率。计算方法：容积率 = 地上建筑总面积 / 规划用地面积。表征对城市用地的开发情况，越高表示开发强度越大，找到其与风环境的关联性，将最直观地反映城市开发强度对城市空气质量的影响。

（11）建筑密度。指在一定范围内，建筑物的基底面积总和与规划用地面积的比例。计算方法：建筑密度 = 建筑基底面积总和 / 用地面积。建筑密度反映城市土地被建筑物覆盖情况，反映人类改造土地下垫面对城市空气质量的影响。

（12）透气性。指研究区域内，与主导风向垂直的立面上，所有建筑的投影面积与投影面总面积的比例，投影面指与主导风向垂直的方向上，测试线的长度与研究区域内最高建筑的高度相乘的面积，如图5.3所示。计算方法：透气性＝建筑物投影到与主导风向垂直的立面上的面积之和／投影面总面积。表征城市垂直空间上的孔隙度，反映建筑疏密对城市空气质量的影响。

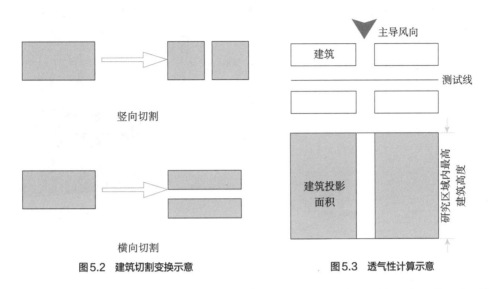

图5.2　建筑切割变换示意　　　　　　图5.3　透气性计算示意

关于本研究要素系统特别需要说明的是：①研究要素系统分为环境要素系统、布局设计要素系统以及开发强度要素系统三大板块。每一个要素系统里指标变化的时候，其余两个要素系统不变：当环境背景条件改变的时候，布局和开发强度要素不变；当布局要素指标改变时，环境背景和开发强度要素不变；当开发强度要素指标改变时，环境背景和布局要素指标不变。②本书采用的是标准建筑模块，建筑物位置的改变除建筑围合之外，其余都是平行或垂直的移动，没有涉及角度的变化。这是因为布局变化的类别太多，从经验研究的角度很难囊括所有的布局变化形式，本书对问题进行了简化，这是研究的不足。在本书第6章的最后一部分引入粒子群优化算法进行智能优化设计，是弥补设计参数化不完整的重要尝试。③为了保证研究结果的一致性，要素系统里每一个变量指标都选取了四种变化形式。在未来计算资源和时间都允许时，可以涉及更多的变化类别。④透气性是影响通风效果重要的指标，但是在本书的要素系统选取里没有将其单列为一个变量。透气性是很多要素系统变化形成的一个综合性指标，它与其他的要素相关性和重复性太高，它的变化会导致别的诸多要素一起变化，故没有对其单独变化情况进行研究。

5.2　设计要素模型系统

研究的目的是获得设计要素对城市空气质量影响的一般性规律，因此研究的基本模型为简化的行列式布局，在此基础上进行各要素的参数变化。计算域长宽高尺寸为400m×

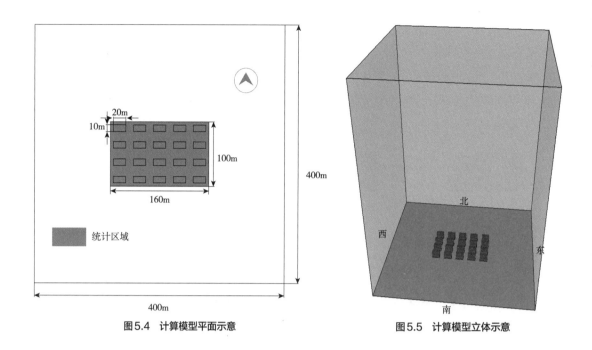

图5.4 计算模型平面示意　　　　　　　　图5.5 计算模型立体示意

400m×550m，每一个标准建筑单体块的长宽高设定为20m×10m×18m，如图5.4和图5.5所示。另外，在容积率与建筑密度参数的变化模型里，为保证容积率变化、建筑密度不变或者建筑密度变化、容积率不变，对高度进行了调整，具体调整参数见表5.1和表5.2所列，计算结果的数据统计区域如图5.4所示，为保证统计口径一致，提取临界风速比的区域固定。计算方法在本书第3章中已经做了详细的论述，对于边界条件以及算例验证都做了明确的研究，这里不做赘述，只对选取的网格以及收敛条件等做简单的补充，见表5.1所列。

计算参数设计　　　　　　　　　　　　　　　　　　　　　表5.1

参数设计项目	内容
计算域（m²）	$X \times Y \times Z$：400m×400m×550m
单体建筑（m）	标准板式楼 20m×10m
指标提取区域（m）	160m×100m
风速条件（m/s）	进口风速为 2.4m/s，北风
阻塞比	<5%
网格扩展比	小于 1.3
网格分辨率	近壁面网格高度 1mm，建筑壁面网格尺寸不大于 2m，网格量约为 300 万
网格结构	结构化网格
收敛标准	1×10^{-5}

关于风速、风向的选择，本书主要是规律性研究，即环境要素不变的前提下，设计要素对风环境的影响，因此本质上说选择任何一种风向、风速均可以发现规律性的结果，为了让研究更切合实际，选择了我国多年（1971~2004年）平均风速以及冬季主导风向之一（北风）作为风速、风向条件，即2.4m/s的北风。同时，为了研究风速、风向的差异性影响，在环境背景要素里选择了多个风速和多个主导风向进行了规律性的计算。

5.2.1 环境背景指标

环境背景对于城市通风的影响明显，不同的环境条件会带来通风效能上的巨大差异。参考已有的研究，选取了风速、风向以及粗糙度作为对城市风环境有明显影响的要素指标进行分析。对于设计而言，环境背景要素往往是确定的，因此，此部分的研究在于横向比较不同的风向、风速以及粗糙度对城市通风的影响差异，以便于在设计之初对城市来流条件进行评估，对如何有效利用各环境要素提供参考。

1. 风向

我国属大陆性季风气候，常年盛行风向为偏南、偏北风，基于此，选取北风、西北风、东风以及东南风四个风向进行模拟，来流风速选取1971~2004年我国平均风速2.4m/s。空地粗糙度选择0.03m，这里的粗糙度指研究区域除建筑外，其他空地上的粗糙度设定值，建筑表面的粗糙度选择0.01m（依据德国风能协会粗糙度建议）。四个风向上的研究算例中，开发强度要素以及布局要素不变，均为20栋板式多层构成的行列式布局。此研究模型中，建筑密度选择0.25，容积率选择1.5，建筑高度为18m，透气性为0.375，如表5.2和图5.6所示。

环境参数之风向变化下的模型参数 表5.2

项目1	建筑密度	容积率	高度（m）	透气性	风速（m/s）	粗糙度（m）	风向
算例1.1	0.25	1.5	18	0.375	2.4	0.03	北风
算例1.2	0.25	1.5	18	0.375	2.4	0.03	西北风
算例1.3	0.25	1.5	18	0.375	2.4	0.03	东风
算例1.4	0.25	1.5	18	0.375	2.4	0.03	东南风

2. 风速

参照我国的夏季与冬季多年平均风速区间，研究选取1m/s、2m/s、3m/s以及4m/s四个风速场景作为来流条件，风向选择北风。一方面是便于建模和统计，另一方面则是因为此部分的研究设定的条件是风向不变，只需要得出风速变化带来的城市通风效果的变化规律即可，因此，选择任何风向都是可以的。空地粗糙度仍然选择0.03m。四个风速的研究算例中，开发强度要素以及布局要素不变，均为20栋板式多层构成的行列式布局。此研究模型中，建筑密度选择0.25，容积率选择1.5，建筑高度为18m，透气性为0.375，如表5.3和图5.7所示。

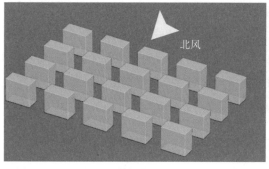

算例 1.1

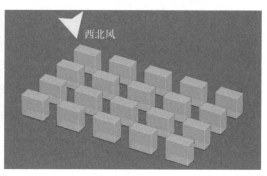

算例 1.2

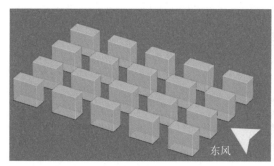

算例 1.3

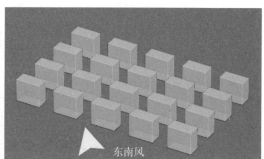

算例 1.4

图 5.6　算例 1.1~ 算例 1.4 模型示意

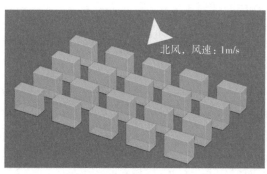

算例 2.1

算例 2.2

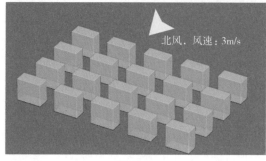

算例 2.3

算例 2.4

图 5.7　算例 2.1~ 算例 2.4 模型示意

環境参数之风速变化下的模型参数 表5.3

项目2	建筑密度	容积率	高度（m）	透气性	风向	粗糙度（m）	风速（m/s）
算例2.1	0.25	1.5	18	0.375	北风	0.03	1
算例2.2	0.25	1.5	18	0.375	北风	0.03	2
算例2.3	0.25	1.5	18	0.375	北风	0.03	3
算例2.4	0.25	1.5	18	0.375	北风	0.03	4

3. 粗糙度

研究的空地区域选取四个典型的地面粗糙度类别作为研究对象：粗糙度0.0002m代表所有空地为水面，0.03m代表所有空地为草地，0.6m为低矮建筑的类别，1.6m为高层密集区域的城市类别。风向与风速均不变，风向选择北风，风速选择2.4m/s。四个粗糙度的研究算例中，开发强度要素以及布局要素不变，均为20栋板式多层构成的行列式布局。此研究模型中，建筑密度选择0.25，容积率选择1.5，建筑高度为18m，透气性为0.375，如表5.4和图5.8所示。

环境参数之粗糙度变化下的模型参数 表5.4

项目3	建筑密度	容积率	高度（m）	透气性	风向	风速（m/s）	粗糙度（m）
算例3.1	0.25	1.5	18	0.375	北风	2.4	0.0002
算例3.2	0.25	1.5	18	0.375	北风	2.4	0.03
算例3.3	0.25	1.5	18	0.375	北风	2.4	0.6
算例3.4	0.25	1.5	18	0.375	北风	2.4	1.6

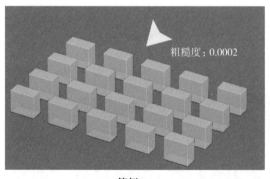
算例3.1

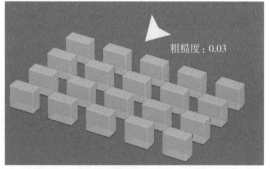
算例3.2

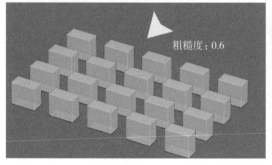
算例3.3

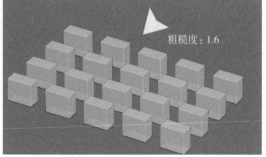
算例3.4

图5.8 算例3.1~算例3.4模型示意

5.2.2 布局要素指标

本节主要研究布局要素的改变对城市空气质量的影响，因此，在本组研究的所有算例中，环境背景要素与开发强度要素保持不变，环境背景要素中风速选取2.4m/s，风向选择北风，空地粗糙度选择0.03m。开发强度要素中，建筑密度为0.25，容积率为1.5，高度为18m，透气性为0.325。所有算例中的对比算例模型均为行列式布局。

1. 建筑间距

建筑间距对日照的影响非常明显，然而对通风效果的影响并不明晰。在保证开发强度以及环境背景要素不变的情况下，对建筑间距进行调整，这里的调整是指以中心参考线为基准，建筑整排靠近或远离参考线。具体的设计参数以及模型如表5.5和图5.9所示。此研究只能得出间距变化相对于均衡间距布局之间的城市通风性能的变化，至于何种间距阈值可以保证最优的通风还需要进一步的优化尝试。

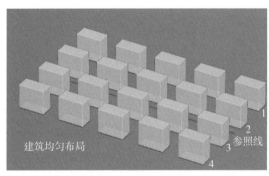

算例4.1

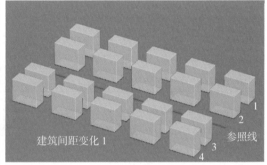

算例4.2

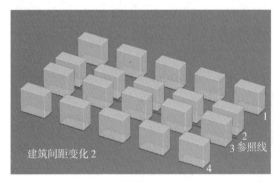

算例4.3

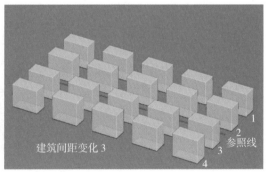

算例4.4

图5.9 算例4.1~算例4.4模型示意

布局要素系统之建筑间距变化下的模型参数   表5.5

项目4	建筑密度	容积率	高度（m）	透气性	风向	风速（m/s）	粗糙度（m）	建筑间距参数
算例4.1	0.25	1.5	18	0.375	北风	2.4	0.03	建筑间距均为16m
算例4.2	0.25	1.5	18	0.375	北风	2.4	0.03	第二、三排建筑远离中心线10m
算例4.3	0.25	1.5	18	0.375	北风	2.4	0.03	第二、三排建筑靠近中心线10m
算例4.4	0.25	1.5	18	0.375	北风	2.4	0.03	第一、四排建筑靠近中心线5m

2. 建筑错落

建筑错落是空间设计常用的艺术手法，能让设计充满韵律感。在保证环境背景要素以及开发强度要素不变的情况下对建筑错落参数进行调整，将其与建筑对齐的布局模式进行比较，可以得出建筑错落对城市通风的影响。研究选取了横向错落2m、5m以及纵向错落5m的布局模式。具体的设计参数以及模型如表5.6和图5.10所示。建筑横向错落会导致统计区域透气性的变化，算例5.2和算例5.3的透气性分别变为0.3125和0.219，透气性变差。建筑纵向错落不会影响透气性，算例5.4的透气性依然为0.375。因此，对于此要素的研究也体现了透气性变化导致的城市通风效果的变化。

布局要素系统之建筑错落变化下的模型参数   表5.6

项目5	建筑密度	容积率	高度（m）	透气性	风向	风速（m/s）	粗糙度（m）	建筑错落参数
算例5.1	0.25	1.5	18	0.375	北风	2.4	0.03	建筑对齐布置
算例5.2	0.25	1.5	18	0.3125	北风	2.4	0.03	从第二排建筑开始每一排建筑相对于上一排向右平移2m
算例5.3	0.25	1.5	18	0.219	北风	2.4	0.03	从第二排建筑开始每一排建筑相对于上一排向右平移5m
算例5.4	0.25	1.5	18	0.375	北风	2.4	0.03	从第二列建筑开始每一列建筑相对于上一列向下平移5m

3. 建筑围合

建筑围合也是设计上常用的手法，因容易形成相对闭合的小空间，故其对风环境的流通具有明显影响。研究选取全围合、两种半围合以及不围合的布局模式进行城市通风效果的比较。在选择的四个样本中，环境背景要素不变，开发强度要素中的建筑密度与容积率不变，透气性变化。具体的设计参数以及模型如表5.7和图5.11所示。因此，此研究成果也可以当作建筑围合的变化导致了透气性的变化从而影响了城市通风。

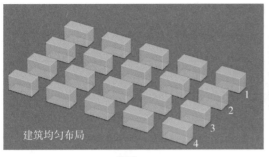

建筑均匀布局

算例 5.1

2~4 排分别相对于上一排向右平移 2m

建筑横向错落 1

算例 5.2

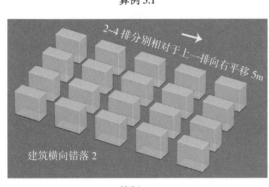

2~4 排分别相对于上一排向右平移 5m

建筑横向错落 2

算例 5.3

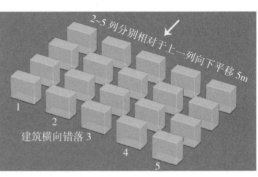

2~5 列分别相对于上一列向下平移 5m

建筑横向错落 3

算例 5.4

图 5.10　算例 5.1~ 算例 5.4 模型示意

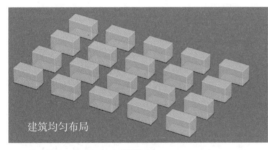

建筑均匀布局

算例 6.1

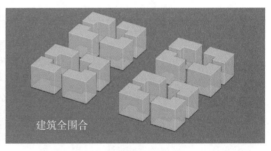

建筑全围合

算例 6.2

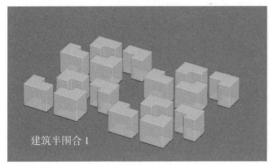

建筑半围合 1

算例 6.3

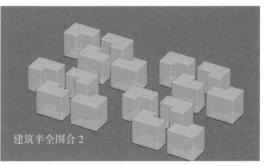

建筑半全围合 2

算例 6.4

图 5.11　算例 6.1~ 算例 6.4 模型示意

项目6	建筑密度	容积率	高度（m）	透气性	风向	风速（m/s）	粗糙度（m）	建筑围合参数
算例6.1	0.25	1.5	18	0.375	北风	2.4	0.03	不围合
算例6.2	0.25	1.5	18	0.5	北风	2.4	0.03	全围合
算例6.3	0.25	1.5	18	0.213	北风	2.4	0.03	半围合1
算例6.4	0.25	1.5	18	0.213	北风	2.4	0.03	半围合2

4. 建筑切割

研究在不改变开发强度以及环境背景参数的前提下，对建筑标准层进行切割。选取的标准层样本为矩形，面积为 20m×10m，在此基础上进行横向和纵向的切割。其中，纵向切割1是将每一栋单体建筑竖向平均切割为 2 个面积相等的矩形，纵向切割2是将每一栋单体建筑平均切割为 3 个面积相等的矩形，横向切割是将每一栋建筑横向切割为 2 个面积相等的矩形。具体的设计参数以及模型如表 5.8 和图 5.12 所示。选取这几种切割模式旨在获得在同样建筑面积需求的设计中，建筑选型拼接与独立布局对城市通风效能的影响规律。此外，这样切割主要是依据大部分建筑选型面积区间为 70~200m²。

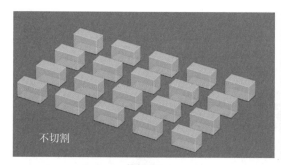

不切割

算例7.1

纵向切割1

算例7.2

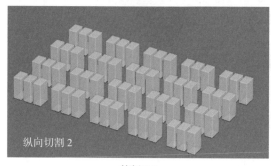

纵向切割2

算例7.3

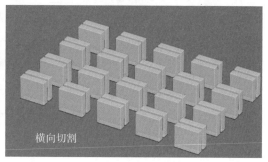

横向切割

算例7.4

图 5.12　算例 7.1~ 算例 7.4 模型示意

项目7	建筑密度	容积率	高度 （m）	透气性	风向	风速 （m/s）	粗糙度 （m）	建筑切割参数
算例 7.1	0.25	1.5	18	0.375	北风	2.4	0.03	不切割
算例 7.2	0.25	1.5	18	0.375	北风	2.4	0.03	纵向切割 1
算例 7.3	0.25	1.5	18	0.375	北风	2.4	0.03	纵向切割 2
算例 7.4	0.25	1.5	18	0.375	北风	2.4	0.03	横向切割

5. 风道设计

已有的研究已经表明风道对于城市通风的影响最为明显，研究选取了四个参数样本，保持开发强度与环境背景参数不变，算例8.1为均匀布置的比较样本，算例8.2~算例8.4均在平行于主导风向上加设风道，风道宽度参照主干道（36~50m）、次干道（小于30m）与支路（24m以下）的红线宽度。具体的设计参数以及模型如表5.9和图5.13所示。关于风道的具体宽度阈值与城市通风的关联性研究还需要更深入的研究，这里仅做规律性的判定。

布局要素系统之风道设计变化下的模型参数　　　　　　　　表5.9

项目8	建筑密度	容积率	高度 （m）	透气性	风向	风速 （m/s）	粗糙度 （m）	风道设计参数
算例 8.1	0.25	1.5	18	0.375	北风	2.4	0.03	均匀布置
算例 8.2	0.25	1.5	18	0.375	北风	2.4	0.03	中间加设两条 17.5m 的风道
算例 8.3	0.25	1.5	18	0.375	北风	2.4	0.03	中间加设两条 22.5m 的风道
算例 8.4	0.25	1.5	18	0.375	北风	2.4	0.03	中间留一条 42m 的完整通道

6. 广场设计

广场是城市空间中人群停留与活动的重要场所，同时也是城市气流交换的重要节点空间。本部分主要研究相同面积大小的广场与主导风向的关系造成的城市通风效果的变化，为广场设计的选址提供参考。简化之后的四个样本分别为：算例9.1，无明显广场空间；算例9.2，广场布置于建筑的中间；算例9.3，广场布置于主导风向的上风向，算例9.4，广场布置于主导风向的下风向。具体的设计参数以及模型如表5.10和图5.14所示。

布局要素系统之广场设计变化下的模型参数　　　　　　　　表5.10

项目9	建筑密度	容积率	高度 （m）	透气性	风向	风速 （m/s）	粗糙度 （m）	广场设计参数
算例 9.1	0.25	1.5	18	0.375	北风	2.4	0.03	均匀布置
算例 9.2	0.25	1.5	18	0.375	北风	2.4	0.03	广场布置在中间
算例 9.3	0.25	1.5	18	0.375	北风	2.4	0.03	广场布置在上风向
算例 9.4	0.25	1.5	18	0.375	北风	2.4	0.03	广场布置在下风向

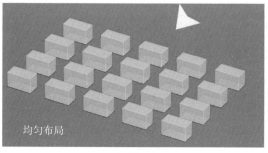

均匀布局

算例 8.1

风道设计 1

17.5m

算例 8.2

风道设计 2

22.5m

算例 8.3

风道设计 3

42m

算例 8.4

图 5.13　算例 8.1～算例 8.4 模型示意

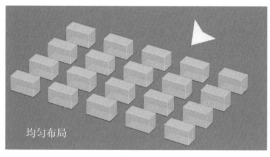

均匀布局

算例 9.1

广场布置在中间

算例 9.2

上风向布置

算例 9.3

上风向布置

算例 9.4

图 5.14　算例 9.1～算例 9.4 模型示意

5.2.3 开发强度要素指标

1.建筑密度

参照城市常用建筑密度，建筑密度控制在 0.1~0.3。研究选取四个样本，环境背景要素与布局要素不变，开发强度要素中的容积率、透气性也保持不变，容积率保持在 1.5，透气性控制在 0.375。算例 10.1~ 算例 10.4 建筑密度依次设定为 0.125、0.187、0.25、0.31。研究的目标在于通过建筑密度的变化，找寻土地用地覆盖情况与城市通风效果的关联关系。具体的设计参数以及模型如表 5.11 和图 5.15 所示。

开发强度要素系统之建筑密度变化下的模型参数　　　　表5.11

项目10	建筑密度	容积率	高度（m）	透气性	风向	风速（m/s）	粗糙度（m）
算例 10.1	0.125	1.5	36	0.375	北风	2.4	0.03
算例 10.2	0.187	1.5	24	0.375	北风	2.4	0.03
算例 10.3	0.25	1.5	18	0.375	北风	2.4	0.03
算例 10.4	0.31	1.5	15	0.375	北风	2.4	0.03

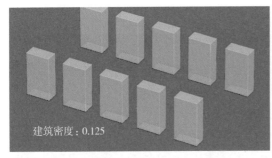
建筑密度：0.125

算例 10.1

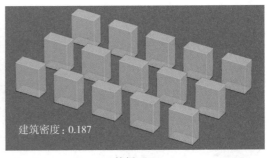
建筑密度：0.187

算例 10.2

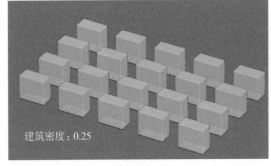
建筑密度：0.25

算例 10.3

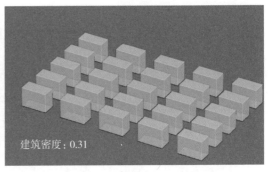
建筑密度：0.31

算例 10.4

图 5.15　算例 10.1~ 算例 10.4 模型示意

2. 容积率

参照城市常用的容积率，容积率控制在 1~2，算例 11.1~ 算例 11.4 的容积率分别为 1、1.5、1.75、2。建筑密度与透气性保持不变，分别为 0.25 和 0.375。在这几个算例中，环境背景要素与布局设计要素保持不变。具体的设计参数以及模型如表 5.12 和图 5.16 所示。容积率是反映开发强度的重要指标之一，在其他要素保持不变的情况下对其与城市通风效果进行相关性分析，可以直观地得出城市开发强度对城市空气质量的影响。

开发强度要素系统之容积率变化下的模型参数　　　　　　表5.12

项目11	容积率	建筑密度	高度（m）	透气性	风向	风速（m/s）	粗糙度（m）
算例 11.1	1	0.25	12	0.375	北风	2.4	0.03
算例 11.2	1.5	0.25	18	0.375	北风	2.4	0.03
算例 11.3	1.75	0.25	21	0.375	北风	2.4	0.03
算例 11.4	2	0.25	24	0.375	北风	2.4	0.03

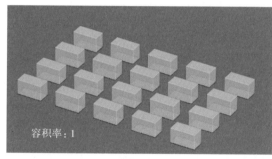

容积率：1

算例 11.1

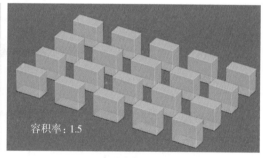

容积率：1.5

算例 11.2

容积率：1.75

算例 11.3

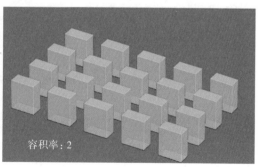

容积率：2

算例 11.4

图 5.16　算例 11.1~ 算例 11.4 模型示意

5.3 城市设计要素与临界风速比相关性结果比较

5.3.1 环境背景要素与临界风速比关联性结果

1. 风向与临界风速比关系比较

风向变化带来的风速云图变化结果如图 5.17~ 图 5.20 所示。整体上看，风向这一要素对通风性能影响明显，不同的风向下，各风速云图差异较大。风速大小分布与距离风口位置有关，在风的入口位置，会形成风速较大区域，风速较低区域出现在建筑的背风面以及远离风口的区域，距离风口越远，低风速区越多。当风遇到建筑阻挡时，在建筑两侧会形成风速较大区域，在建筑正前方会形成一个风速较低区域。参照四个风向上的剖面图，不同的高度上，风速分层明显，建筑之间的谷地最容易形成低风速区。

1.5m 处平面风速云图

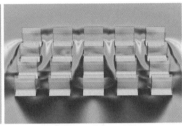
三维空间风速云图

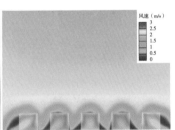
剖面风速云图

图 5.17　北风条件下风速云图示意

1.5m 处平面风速云图

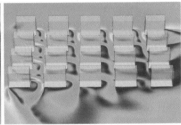
三维空间风速云图

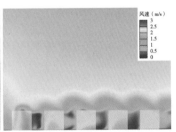
剖面风速云图

图 5.18　西北风条件下风速云图示意

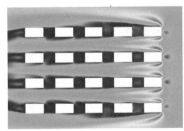
1.5m 处平面风速云图

三维空间风速云图

剖面风速云图

图 5.19　东风条件下风速云图示意

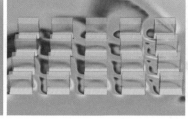
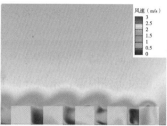

1.5m 处平面风速云图　　　　　　三维空间风速云图　　　　　　剖面风速云图

图5.20　东南风条件下风速云图示意

　　风向变化导致的各风场数据变化见表5.13所列。北风、西北风、东风以及东南风四种风速条件下，临界风速比分别为84.71%、61.69%、59.88%、62.17%。其中，北风临界风速比最高，东风临界风速比最低，如图5.21所示。西北风、东风以及东南风的平均风速差异较小，如图5.22所示，分别为0.92m/s、0.91m/s、0.91m/s；北风的平均风速最低，为0.63m/s。四个风向上的最大风速都大于输入风速，平均风速都小于输入风速。

风向变化导致的各风场数据变化统计　　　　　　表5.13

项目1	风向	临界风速比（%）	平均风速（m/s）	最大风速（m/s）	最小风速（m/s）	输入风速（m/s）
算例1.1	北风	84.71	0.63	2.67	0	2.4
算例1.2	西北风	61.69	0.92	2.67	0	2.4
算例1.3	东风	59.88	0.91	2.71	0	2.4
算例1.4	东南风	62.17	0.91	2.67	0	2.4

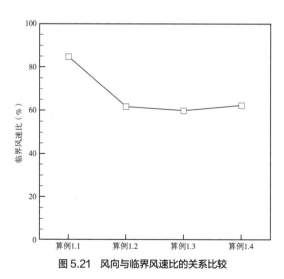

图5.21　风向与临界风速比的关系比较

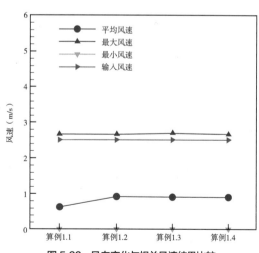

图5.22　风向变化与相关风速结果比较

风向与城市通风效果关系：①风向与风口的夹角是影响城市通风的重要因素，研究发现西北风与东南风均比北风通风性能好，这表明并非平行于主导风向的布局通风效果最好，与主导风向保持一定的夹角往往更有利于通风。②垂直于风向上的单个风口宽度是影响城市通风的决定性因素，东风条件下的临界风速比远远低于北风，就是因为东风条件下的单个风口宽度大于北风条件下的单个风口宽度。

2. 风速与临界风速比关系比较

不同风速条件下，风速云图的变化如图 5.23~ 图 5.26 所示。整体上看，四个风速条件下，风场风速高低区域分布位置具有一致性，即入口位置风速较高，距离越远风速越低。低风速条件下，空气的流通性变差，风的能效最弱，影响区域最小。不同高度上的风速依然存在明显的分层现象，建筑之间的谷地风速最低，随着高度的升高，风速逐渐变大，当高度足够高时，不同高度上的风速变化非常微弱，或不变化。

1.5m 处平面风速云图　　　　　三维空间风速云图　　　　　剖面风速云图

图5.23　1m/s 风速条件下风速云图示意

1.5m 处平面风速云图　　　　　三维空间风速云图　　　　　剖面风速云图

图5.24　2m/s 风速条件下风速云图示意

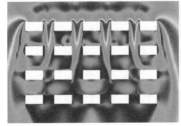 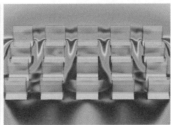 

1.5m 处平面风速云图　　　　　三维空间风速云图　　　　　剖面风速云图

图5.25　3m/s 风速条件下风速云图示意

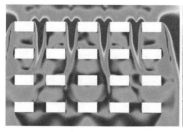
1.5m 处平面风速云图

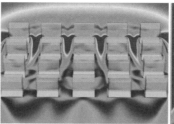
三维空间风速云图

剖面风速云图

图5.26　4m/s风速条件下风速云图示意

　　风速变化导致的各风场数据变化见表 5.14 所列。风速 1m/s、2m/s、3m/s、4m/s 对应的临界风速比分别为 99.97%、88.32%、78.91%、68.60%。临界风速比随来流风速的增大下降趋势明显，如图 5.27 所示。不同的风速条件下，平均风速随输入风速的增大而增大，但是明显小于输入风速，如图 5.28 所示。当输入风速为 4m/s 时，平均风速仅为 1.01m/s。最大风速均大于输入风速，当输入风速为 4m/s 时，最大风速达到了 4.35m/s。

风速变化导致的各风场数据变化统计　　　　　　　　　　表5.14

项目2	风向	临界风速比（%）	平均风速（m/s）	最大风速（m/s）	最小风速（m/s）	输入风速（m/s）
算例 2.1	北风	99.97	0.25	1.07	0	1
算例 2.2	北风	88.32	0.50	2.21	0	2
算例 2.3	北风	78.91	0.75	3.24	0	3
算例 2.4	北风	68.60	1.01	4.35	0	4

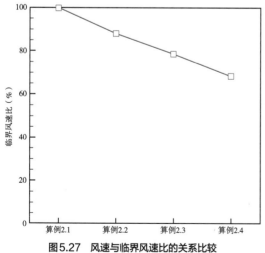
图5.27　风速与临界风速比的关系比较

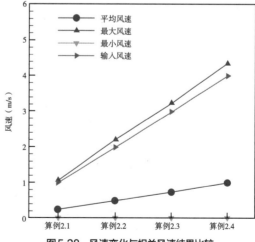
图5.28　风速变化与相关风速结果比较

风速与城市通风效果关系：①风速与临界风速比呈现明显的负相关，即风速越大，临界风速比越低。②不同的风速条件在同样的布局模式下，整体的风场规律分布保持一致，即高低风速区域的分布趋势一致。这为设计提供了参考，在全面分析风场条件的基础上，合理的设计可以形成较为稳定的通风环境较好区域。③城市建设对整体风速有明显的削弱作用，但是在某些局部区域也会有加速作用，如建筑的两侧。

3. 粗糙度与临界风速比关系比较

粗糙度变化带来的风速云图变化如图 5.29~ 图 5.32 所示。整体上看，粗糙度变化对于整体风环境没有明显的影响，随着粗糙度的增加低风速区域略微有所减少。分布上看，低风速区多分布于建筑的背风面，在入口建筑的山墙两侧高风速区域较多。

 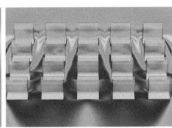 

1.5m 处平面风速云图　　　　　　　三维空间风速云图　　　　　　　剖面风速云图

图5.29　粗糙度为0.0002m时风速云图示意

1.5m 处平面风速云图　　　　　　　三维空间风速云图　　　　　　　剖面风速云图

图5.30　粗糙度为0.03m时风速云图示意

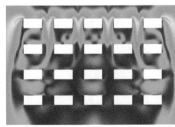  

1.5m 处平面风速云图　　　　　　　三维空间风速云图　　　　　　　剖面风速云图

图5.31　粗糙度为0.06m时风速云图示意

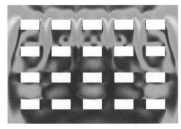
1.5m 处平面风速云图

三维空间风速云图

剖面风速云图

图 5.32　粗糙度为 1.6m 时风速云图示意

　　粗糙度变化导致的各风场数据变化见表 5.15 所列。四个粗糙度 0.0002m、0.03m、0.6m、1.6m 对应的临界风速比分别为 83.98%、84.71%、86.58%、87.04%。粗糙度越低，临界风速比越低，城市通风效果越好，如图 5.33 所示。当粗糙度为 0.0002m 时，平均风速为 0.63m/s，当粗糙度为 1.6m 时，平均风速为 0.56m/s，变化非常微弱，如图 5.34 所示。

粗糙度变化导致的各风场数据变化统计　　　　　　　　表5.15

项目3	粗糙度 （m）	临界风速比 （%）	平均风速 （m/s）	最大风速 （m/s）	最小风速 （m/s）	输入风速 （m/s）
算例 3.1	0.0002	83.98	0.63	2.69	0	2.4
算例 3.2	0.03	84.71	0.63	2.67	0	2.4
算例 3.3	0.6	86.58	0.58	2.63	0	2.4
算例 3.4	1.6	87.04	0.56	2.63	0	2.4

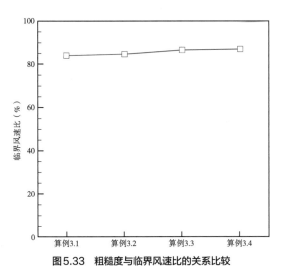
图5.33　粗糙度与临界风速比的关系比较

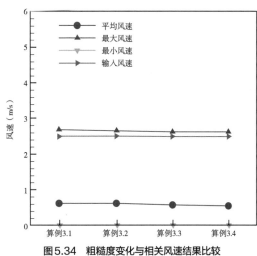
图5.34　粗糙度变化与相关风速结果比较

粗糙度与城市通风效果关系：粗糙度与临界风速比呈现微弱的正相关，粗糙度越大，临界风速比越高，风环境越差，但是这种影响非常有限。粗糙度在全球或者城市尺度上对风环境影响明显，对于城市局部小尺度空间，粗糙度的影响远不如风速与风向。

5.3.2　布局要素与临界风速比关联性结果

1. 建筑间距与临界风速比关系比较

建筑间距变化形成的风速云图变化如图 5.35~ 图 5.38 所示。整体上看，建筑间距变化之后，风速情况变化较小。分布上看，在扩大间距的建筑之间形成了较多的高风速区域，在减小间距的建筑之间形成了较多的低风速区域。剖面风速依然存在明显的分层，随着高度的增加风速变大，但是四种间距情况下的剖面风速变化微弱，即间距变化对不同高度上的风场变化影响不大，对建筑高度以上大气空间风场基本无影响。

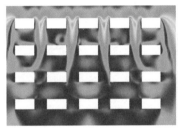  

1.5m 处平面风速云图　　　三维空间风速云图　　　剖面风速云图

图 5.35　算例 4.1 风速云图示意

1.5m 处平面风速云图　　　三维空间风速云图　　　剖面风速云图

图 5.36　算例 4.2 风速云图示意

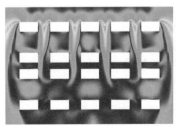 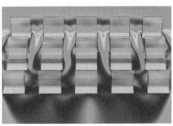 

1.5m 处平面风速云图　　　三维空间风速云图　　　剖面风速云图

图 5.37　算例 4.3 风速云图示意

1.5m处平面风速云图

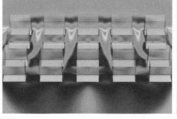
三维空间风速云图

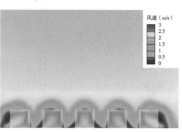
剖面风速云图

风速（m/s）
3
2.5
2
1.5
1
0.5
0

图5.38　算例4.4风速云图示意

　　建筑间距变化导致的各风场数据变化见表5.16所列。建筑间距变化之后，对应的四种临界风速比分别为84.71%、85.65%、84.39%、83.77%。四种间距样本中，第四种间距变化对应算例4.4（将第一排和第四排建筑向中心测试线移动）对城市通风最有益，第二种间距变化对应算例4.2（扩大第二排和第三排建筑距离中心测试线的距离）对城市通风有消极作用，如图5.39所示。间距变化的3种模式相对于间距不变的第一种模式平均风速有所减弱，由0.63m/s下降到0.61m/s，如图5.40所示。

建筑间距变化导致的各风场数据变化统计　　　　　　　　　　表5.16

项目4	建筑间距	临界风速比（%）	平均风速（m/s）	最大风速（m/s）	最小风速（m/s）	输入风速（m/s）
算例4.1	间距不变	84.71	0.63	2.67	0	2.4
算例4.2	间距变化1	85.65	0.61	2.72	0	2.4
算例4.3	间距变化2	84.39	0.61	2.67	0	2.4
算例4.4	间距变化3	83.77	0.61	2.68	0	2.4

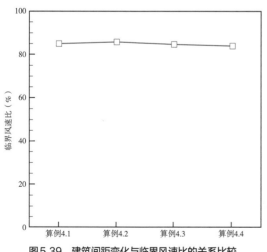
图5.39　建筑间距变化与临界风速比的关系比较

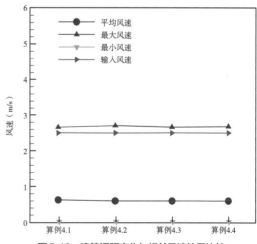
图5.40　建筑间距变化与相关风速结果比较

建筑间距变化与城市通风效果关系：首先，在开发强度与环境背景不变的情况下，间距的变化对城市局部风场的影响微弱，拉大间距只有在结合开发强度变化的情况下，才会有良好的通风效果，即拉大区域内所有建筑的间距，减小建筑密度，这种情况下，间距的变化才会对城市通风产生较大的影响。其次，在迎风口适当留出空旷区域，即让迎风口的建筑适当后退，有益于城市通风。

2. 建筑错落与临界风速比关系比较

建筑错落变化导致的风速云图变化如图 5.41~ 图 5.44 所示。整体上看，低风速区域略有减少，横向错落比纵向错落的低风速区域减少明显。分布上看，均匀分布的时候，风速较高区域集中于风速入口位置，建筑错落之后，风速较高区域开始向内部延伸。低风速区的位置仍然集中分布于建筑的背风侧，建筑横向错落之后，建筑的背风区低风速面积减小，纵向错落后建筑背风区低风速面积减小不明显。建筑错落会导致竖向风场的变化，街谷最底层的风速相较于不错落布局有所增加。

1.5m 处平面风速云图　　　　　　三维空间风速云图　　　　　　剖面风速云图

图 5.41　算例 5.1 风速云图示意

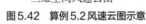

1.5m 处平面风速云图　　　　　　三维空间风速云图　　　　　　剖面风速云图

图 5.42　算例 5.2 风速云图示意

1.5m 处平面风速云图　　　　　　三维空间风速云图　　　　　　剖面风速云图

图 5.43　算例 5.3 风速云图示意

1.5m 处平面风速云图

三维空间风速云图

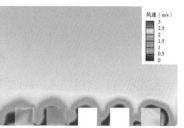
剖面风速云图

图 5.44　算例 5.4 风速云图示意

建筑错落变化导致的各风场数据变化见表 5.17 所列。建筑错落让临界风速比有所下降，建筑对齐布置的临界风速比为 84.71%，建筑错落之后的三个样本算例 5.2～算例 5.4 的临界风速比分别为 79.35%、71.84%、84.60%。临界风速比最低的为算例 5.3，即横向较多的错落有益于通风，如图 5.45 所示。数据显示，错落变化的各项风速变化并不明显，如图 5.46 所示，横向错落（算例 5.2 和算例 5.3）的平均风速与最大风速相较于对齐布局（算例 5.1）有所增加，从 0.63m/s 上升到 0.70m/s 以及 0.81m/s。横向错落（算例 5.4）的平均风速相对于对齐布局（算例 5.1）略有下降，为 0.62m/s。

建筑错落变化导致的各风场数据变化统计　　　　　　　　　　　表5.17

项目5	建筑错落	临界风速比（%）	平均风速（m/s）	最大风速（m/s）	最小风速（m/s）	输入风速（m/s）
算例 5.1	对齐	84.71	0.63	2.67	0	2.4
算例 5.2	建筑错落 1	79.35	0.70	2.68	0	2.4
算例 5.3	建筑错落 2	71.84	0.81	2.68	0	2.4
算例 5.4	建筑错落 3	84.60	0.62	2.62	0	2.4

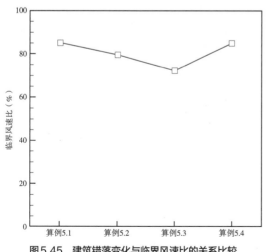
图 5.45　建筑错落变化与临界风速比的关系比较

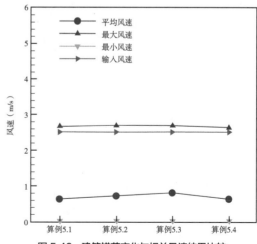
图 5.46　建筑错落变化与相关风速结果比较

建筑错落与城市通风效果关系：建筑错落整体上与临界风速比呈现负相关，即对建筑进行适当的错列布局会降低临界风速比，提高城市通风效果。横向错落相比于纵向错落对城市通风效果的有益影响更明显，横向错落之后形成了较多的建筑侧面，风在经过这些侧面的时候会有适当的加速作用，从而导致整体风环境的改善。

3. 建筑围合与临界风速比关系比较

建筑围合变化导致的风速云图变化如图 5.47~ 图 5.50 所示。整体上看，围合相较于不围合，高风速区域明显增多，低风速区域明显减少，算例 6.2（全围合）的高风速区域最明显，算例 6.3（半围合 1）的高风速区域最不明显。分布上看，算例 6.1（不围合）与算例 6.2（全围合）高低风速区域分布最不均衡，高风速区与低风速区位置都较为集中。算例 6.3（半围合1）与算例 6.4（半围合 2）两个半围合布局模式高风速区和低风速区分布相对均衡。参照风速剖面图，算例 6.1 与算例 6.2 风速随高度分层明显，随着剖面高度的增高，风速变大，算例 6.3与算例 6.4 在建筑之间的通风有所加强，建筑构成的峡谷之间风速分布较为均衡。

  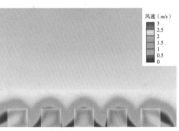

1.5m 处平面风速云图 　　　　三维空间风速云图 　　　　剖面风速云图

图 5.47　算例 6.1 风速云图示意

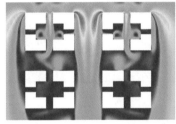  

1.5m 处平面风速云图 　　　　三维空间风速云图 　　　　剖面风速云图

图 5.48　算例 6.2 风速云图示意

  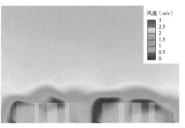

1.5m 处平面风速云图 　　　　三维空间风速云图 　　　　剖面风速云图

图 5.49　算例 6.3 风速云图示意

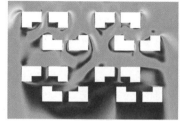

| 1.5m处平面风速云图 | 三维空间风速云图 | 剖面风速云图 |

图5.50 算例6.4风速云图示意

建筑围合变化导致的各风场数据变化见表5.18所列。算例6.1~算例6.4的临界风速比分别为84.71%、56.73%、66.28%、63.65%。全围合的临界风速比最低,通风效果最好,如图5.51所示。最大风速变化不大,平均风速有所变化,算例6.2平均风速最大,达到1.0m/s,如图5.52所示。算例6.2~算例6.4围合之后相较于算例6.1不围合,平均风速与最大风速有所升高。

建筑围合变化导致的各风场数据变化统计   表5.18

项目6	建筑围合	临界风速比（%）	平均风速（m/s）	最大风速（m/s）	最小风速（m/s）	输入风速（m/s）
算例6.1	不围合	84.71	0.63	2.67	0	2.4
算例6.2	全围合	56.73	1.0	2.84	0	2.4
算例6.3	半围合1	66.28	0.79	2.88	0	2.4
算例6.4	半围合2	63.65	0.84	2.77	0	2.4

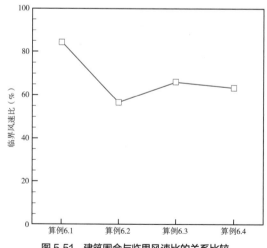

图5.51 建筑围合与临界风速比的关系比较

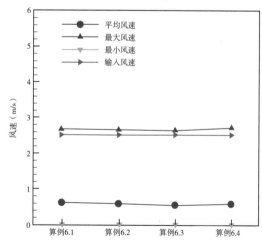

图5.52 建筑围合变化与相关风速结果比较

建筑围合与城市通风效果关系：建筑围合与临界风速比之间呈现明显的负相关，即建筑围合之后会改善城市通风效果。建筑全围合的改善效果强于建筑半围合模式，然而建筑全围合易于形成高风速区与低风速区集中分布的状态，半围合模式则更有利于风场在空间上的均衡分布。因此，在具体的城市规划设计中，采用适当的半围合，对于城市局部区域整体风环境改善是有益的。

4. 建筑切割与临界风速比关系比较

建筑切割导致的风速云图变化如图 5.53~ 图 5.56 所示。整体上看，四种模式的风速云图差别不大，高风速与低风速区域并无明显的增减。建筑切割与不切割样本的高风速区域都分布于风速入口的区域，低风速区域分布于远离风口的背风向位置，建筑切割之后入口的高风速区域分布更为均衡。从竖向剖面上看，整体上依然存在风速随高度分层的现象，越远离建筑实体，风速越高，另外，建筑切割的间隙空间里，为低风速聚集区。

| 1.5m 处平面风速云图 | 三维空间风速云图 | 剖面风速云图 |

图 5.53　算例 7.1（建筑不切割）风速云图示意

 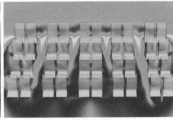 

| 1.5m 处平面风速云图 | 三维空间风速云图 | 剖面风速云图 |

图 5.54　算例 7.2（竖向切割 1）风速云图示意

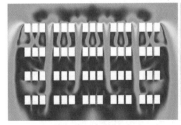  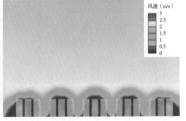

| 1.5m 处平面风速云图 | 三维空间风速云图 | 剖面风速云图 |

图 5.55　算例 7.3（竖向切割 2）风速云图示意

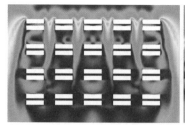 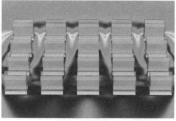 

| 1.5m 处平面风速云图 | 三维空间风速云图 | 剖面风速云图 |

图 5.56 算例 7.4（横向切割）风速云图示意

建筑切割变化导致的各风场数据变化见表 5.19 所列。算例 7.1~ 算例 7.4 临界风速比分别为 84.71%、83.59%、84.63%、85.75%。临界风速比整体上变化不大，竖向切割上稍微有所下降，如图 5.57 所示。算例 7.1~ 算例 7.4 的平均风速与最大风速均变化不明显，如图 5.58 所示。平均风速最大的为算例 7.1，最小的为算例 7.3。

建筑切割变化导致的各风场数据变化统计 表5.19

项目7	建筑切割	临界风速比（%）	平均风速（m/s）	最大风速（m/s）	最小风速（m/s）	输入风速（m/s）
算例 7.1	不切割	84.71	0.63	2.67	0	2.4
算例 7.2	竖向切割 1	83.59	0.58	2.65	0	2.4
算例 7.3	竖向切割 2	84.63	0.55	2.63	0	2.4
算例 7.4	横向切割	85.75	0.58	2.71	0	2.4

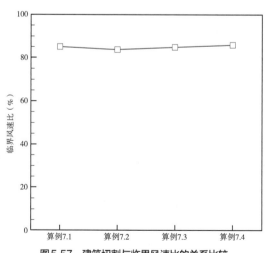

图 5.57 建筑切割与临界风速比的关系比较

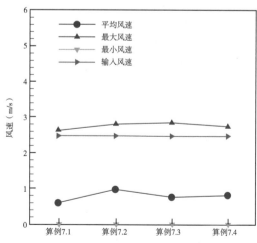

图 5.58 建筑切割变化与相关风速结果比较

建筑切割与城市通风效果关系：建筑切割对临界风速比影响较小，呈现微弱的负相关，即建筑切割，特别是竖向切割（与主导风向平行）会导致通风效果的改善，这是因为竖向切割会让流入的风更为均衡地分布。如果建筑切割之后，间距不够大，那么这一部分空间最易形成通风不畅的区域，因此，在具体的规划设计中应慎重使用城市切割手法。

5. 风道设计与临界风速比关系比较

风道设计一直以来都是改善城市风环境的重要手段，基于风道设计变化的风速云图如图 5.59~ 图 5.62 所示。整体上看，与无专门风道的均衡模式相比，风环境有很大的改善，高风速区域明显增多，且单个较宽的风道比多个较窄的风道通风效果更好。分布上看，无风道均匀分布模式低风速区域分布范围广，特别是在建筑背风侧，设立风道之后，风沿着风道向内部环境延伸，对城市局部风环境有明显改善。高风速区域主要分布于风道入口，且在入口与建筑边缘交接处产生风速放大的情况。参照风速剖面，加设风道之后，风道剖面上的风速得到明显改善，风道越宽，通风效果越好。

| 1.5m 处平面风速云图 | 三维空间风速云图 | 剖面风速云图 |

图 5.59　算例 8.1（无风道）风速云图示意

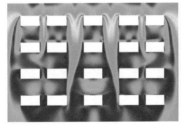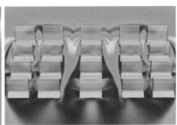

| 1.5m 处平面风速云图 | 三维空间风速云图 | 剖面风速云图 |

图 5.60　算例 8.2（两条 17.5m 风道）风速云图示意

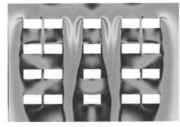

| 1.5m 处平面风速云图 | 三维空间风速云图 | 剖面风速云图 |

图 5.61　算例 8.3（两条 22.5m 风道）风速云图示意

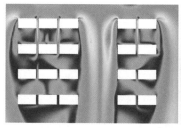  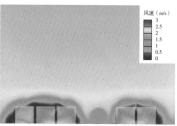

1.5m处平面风速云图   三维空间风速云图   剖面风速云图

图5.62 算例8.4（一条42m风道）风速云图示意

风道设计变化导致的各风场数据变化见表5.20所列。算例8.1~算例8.4临界风速比分别为84.71%、82.04%、72.28%、64.01%，风道设计对临界风速比影响明显。相较于无风道均衡布局，加设风道之后临界风速比明显降低，如图5.63所示。最大风速变化不明显，平均风速有所增加，如图5.64所示，算例8.3~算例8.4相较于算例8.1平均风速明显增大，算例8.4平均风速最大，为0.97m/s。

风道设计变化导致的各风场数据变化统计   表5.20

项目8	风道设计	临界风速比（%）	平均风速（m/s）	最大风速（m/s）	最小风速（m/s）	输入风速（m/s）
算例8.1	均衡布局	84.71	0.63	2.67	0	2.4
算例8.2	风道设计1	82.04	0.66	2.70	0	2.4
算例8.3	风道设计2	72.28	0.81	2.74	0	2.4
算例8.4	风道设计3	64.01	0.97	2.75	0	2.4

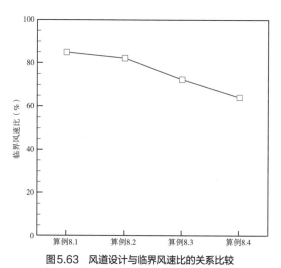

图5.63 风道设计与临界风速比的关系比较

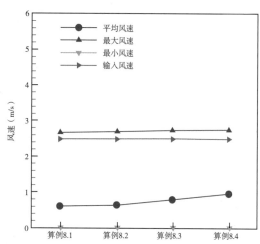

图5.64 风道设计变化与相关风速结果比较

风道与城市通风效果关系：①风道设计与临界风速比之间呈现明显的负相关，即加设风道之后会实现对通风效果的改善。②风道的宽度比风道的条数在影响城市通风性能上的作用更加明显，较宽的风道会产生更好的通风效果。要缓解城市街谷的通风性能，可适当扩大街谷宽度，至于何种宽度为最优取值，还需要进一步进行实验验证。

6. 广场设计与临界风速比关系比较

基于广场位置变化导致的风速云图变化如图5.65~图5.68所示。整体上看，加设广场之后，主导风向上风向布置广场与下风向布置广场的样本高风速区域有所增加，中心位置布置广场的样本，高风速区域有所减少。分布上看，加设广场后，四个样本高风速区的分布位置基本一致，主要集中分布于风口区域，在风口建筑两侧有明显的风速增加区域；四个样本低风速区域分布有所变化，在主导风向上风向和下风向布置的广场，低风速区域主要分布于建筑的背风侧以及广场中心位置，而中心式布置广场，广场内部低风速区域有所减少。从风速剖面上看，在主导风向上风向和下风向布置的广场通风效果有所改善，街谷之间的低风速区

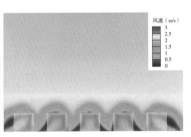

| 1.5m处平面风速云图 | 三维空间风速云图 | 剖面风速云图 |

图5.65 算例9.1（无广场）风速云图示意

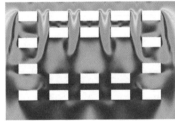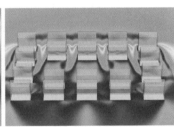

| 1.5m处平面风速云图 | 三维空间风速云图 | 剖面风速云图 |

图5.66 算例9.2（中心式布局）风速云图示意

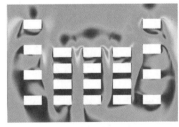

| 1.5m处平面风速云图 | 三维空间风速云图 | 剖面风速云图 |

图5.67 算例9.3（上风向布置）风速云图示意

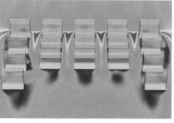

1.5m处平面风速云图　　　　　三维空间风速云图　　　　　剖面风速云图

图5.68　算例9.4（下风向布置）风速云图示意

有所减少；广场中心布局的风速剖面与不加设广场的风速剖面基本一致，无明显改变。

广场设计变化导致的各风场数据见表5.21所列。算例9.1~算例9.4临界风速比分别为84.71%、85%、62.05%、72.92%。其中，算例9.3（广场上风向布置）临界风速比最低，算例9.1（广场中心布置）临界风速比最高，如图5.69所示。算例9.4（广场下风向布置）广场的最大风速增加最为明显，由2.4m/s变为3.05m/s；算例9.3（广场上风向布置）平均风速最大，达到0.90m/s，如图5.70所示。这表明，算例9.4（广场下风向布置）入口对风的加速作用明显，但是这些高风速区仅集中于某几个位置，对整体风场的影响不如算例9.3（广场上风向布置）有效。

广场设计变化导致的各风场数据变化统计　　　　　表5.21

项目9	广场设计	临界风速比（%）	平均风速（m/s）	最大风速（m/s）	最小风速（m/s）	输入风速（m/s）
算例9.1	无广场	84.71	0.63	2.67	0	2.4
算例9.2	中心式布局	85	0.64	2.73	0	2.4
算例9.3	上风向布局	62.05	0.90	2.76	0	2.4
算例9.4	下风向布局	72.92	0.82	3.05	0	2.4

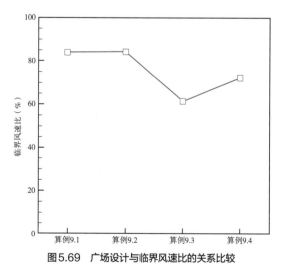

图5.69　广场设计与临界风速比的关系比较

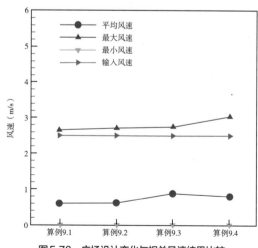

图5.70　广场设计变化与相关风速结果比较

广场与城市通风效果关系：上风向布置广场与临界风速比之间呈现明显的负相关，即上风向布置广场将增强整体通风效果。中心区布置广场，由于在通风路径上增大了气流的流通面积，反而会降低风速，进而让广场下风向的建筑区域形成较大的低风速区，因此在实际规划设计中，广场应尽量避免中心式布局。下风向布置广场在广场入口位置会形成风速显著增大的区域，在设计时应考虑这些位置的风害现象。

5.3.3　开发强度要素与临界风速比关联性结果

1. 建筑密度与临界风速比关系比较

建筑密度变化带来的风速云图变化结果如图 5.71~ 图 5.74 所示。整体上看，随着建筑密度升高，低风速区域增加，且愈加均衡成片。局部上看，随着建筑密度的增加，入口的风速逐渐降低，出口的风速也逐渐降低，但是影响区域变小，这与建筑密度增加带来的遮挡效应增强有关。风速剖面上看，不同高度上，风速变化明显，呈现明显的分层：建筑密度越低，

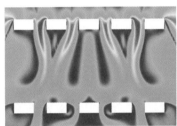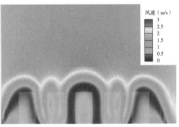

1.5m 处平面风速云图　　　　　三维空间风速云图　　　　　剖面风速云图

图 5.71　算例 10.1（建筑密度 0.125）风速云图示意

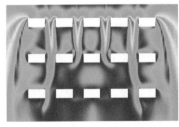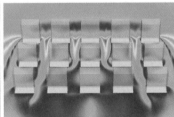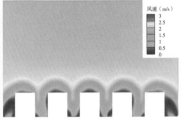

1.5m 处平面风速云图　　　　　三维空间风速云图　　　　　剖面风速云图

图 5.72　算例 10.2（建筑密度 0.187）风速云图示意

1.5m 处平面风速云图　　　　　三维空间风速云图　　　　　剖面风速云图

图 5.73　算例 10.3（建筑密度 0.25）风速云图示意

| 1.5m 处平面风速云图 | 三维空间风速云图 | 剖面风速云图 |

图 5.74　算例 10.4（建筑密度 0.31）风速云图示意

建筑周围越易形成低风速区；建筑密度越高，建筑之间的低风速区越少。

　　建筑密度变化导致的各风场数据变化见表 5.22 所列。建筑密度升高临界风速比呈现急剧上升到逐渐趋于平稳的状态。算例 10.1~ 算例 10.4 临界风速比分别为 52.26%、79.11%、84.71%、85.52%，如图 5.75 所示。最大风速逐渐减小，从 2.99m/s 到 2.60m/s；平均风速有所下降，从 1.03m/s 到 0.57m/s，如图 5.76 所示。平均风速远远低于入口风速，这与建筑物的集聚影响城市空气流通有关。

建筑密度变化导致的各风场数据变化统计　　　　　　　　　　　　　　表5.22

项目10	建筑密度	临界风速比（%）	平均风速（m/s）	最大风速（m/s）	最小风速（m/s）	输入风速（m/s）
算例 10.1	0.125	52.26	1.03	2.99	0	2.4
算例 10.2	0.187	79.11	0.74	2.81	0	2.4
算例 10.3	0.25	84.71	0.63	2.67	0	2.4
算例 10.4	0.31	85.52	0.57	2.60	0	2.4

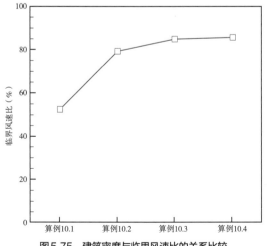

图 5.75　建筑密度与临界风速比的关系比较

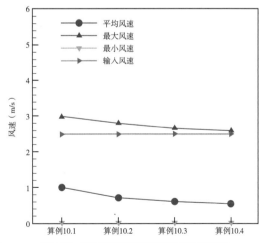

图 5.76　建筑密度变化与相关风速结果比较

建筑密度与城市通风效果关系：建筑密度与临界风速比呈现明显的正相关，建筑密度越低，临界风速比越低，空气质量越好。建筑密度的增加会强烈影响城市空气循环，带来大量低风、少风区域。建筑密度越低，建筑四周越容易形成低风速绕流区；建筑密度越高，由于建筑间的相互作用，建筑四周的低风速绕流区反而减少。因此，在实际的规划设计中，适当增加密度，可以减少建筑间峡谷的低风速区。

2. 容积率与临界风速比关系比较

容积率变化带来的风速云图变化结果如图5.77~图5.80所示。整体上看，随着容积率升高，低风速区域有微弱的减少。从局部看，随着容积率的增高，进口处风速明显提升，高风速区延伸范围逐渐扩大；低风速区一直分布于背风侧，容积率越大，背风侧的低风速区越少。从风速剖面看，高容积率有助于缓解建筑间谷地的通风效果，低风速区随着容积率的升高，在风速剖面上面积越小，主要集中于紧贴地面以及建筑的位置。

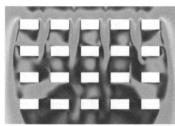 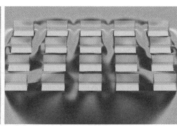 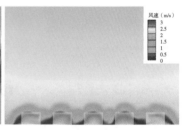

1.5m处平面风速云图　　　　三维空间风速云图　　　　剖面风速云图

图5.77　算例11.1（容积率1）风速云图示意

  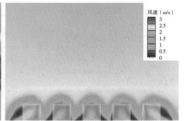

1.5m处平面风速云图　　　　三维空间风速云图　　　　剖面风速云图

图5.78　算例11.2（容积率1.5）风速云图示意

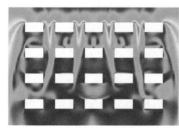  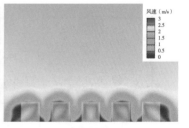

1.5m处平面风速云图　　　　三维空间风速云图　　　　剖面风速云图

图5.79　算例11.3（容积率1.75）风速云图示意

1.5m 处平面风速云图

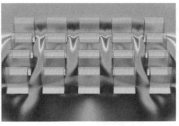
三维空间风速云图

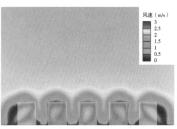
剖面风速云图

图5.80 算例11.4（容积率2）风速云图示意

　　容积率变化导致的各风场数据变化见表5.23所列。算例11.1~ 算例11.4，临界风速比分别为85.38%、84.71%、82.29%、81.19%，整体趋势为缓慢下降，如图5.81所示。这表明在城市中适当提高容积率反而有益于通风。算例11.1~ 算例11.4最大风速一直在持续升高，从2.52m/s上升到2.84m/s，均高于输入风速2.4m/s，如图5.82所示。也就是说，容积率的升高，导致建筑高度的增加，会形成较强的转角效应，会在建筑边缘形成一些高风速区域。算例11.1~ 算例11.4的平均风速也逐渐增加，从0.60m/s上升到0.67m/s。

容积率变化导致的各风场数据变化统计　　　　　　　　　　　　表5.23

项目11	容积率	临界风速比（%）	平均风速（m/s）	最大风速（m/s）	最小风速（m/s）	输入风速（m/s）
算例11.1	1	85.38	0.60	2.52	0	2.4
算例11.2	1.5	84.71	0.63	2.67	0	2.4
算例11.3	1.75	82.29	0.64	2.74	0	2.4
算例11.4	2	81.19	0.67	2.84	0	2.4

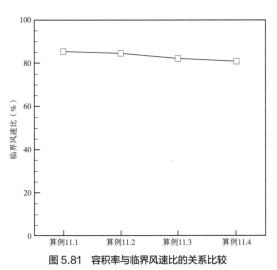
图5.81 容积率与临界风速比的关系比较

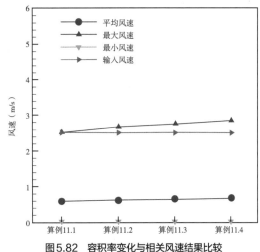
图5.82 容积率变化与相关风速结果比较

容积率与城市通风效果关系：容积率与临界风速比呈现微弱的负相关，容积率越高，临界风速比越低，空气质量有所改善。适当提高容积率，对城市整体通风效果是有益的。因此，在具体的规划设计中，别墅区反而不利于城市通风。适当提高容积率，较高的建筑两侧会形成较多风速较高区域，更有益于空气流通。

5.3.4 启示

1. 密集的城市建设导致风速的降低

就城市风环境而言，城市建设对城市通风的影响必然是消极的，密集的建设带来巨大的遮挡效应，在影响设计区域内部的同时对外部下风向环境也有巨大的影响。这从前面的研究中，平均风速远远小于进口风速可以得到证实。

2. 大量的高层建筑会与风产生转角效应，从而增大局部风速

高层建筑的边缘对风会有加强作用，所有的设计参数模型里计算出的最大风速都高于进口风速，但是其影响的面太小，不足以改变整个区域风环境。因此，不能将其作为增强空气流通的手段，但是在需要考虑风害的城市设计中，此效应应该引起重视。

3. 基于布局设计要素对风环境的改善是有效的

计算模拟结果证实，布局设计要素的改变或正或负地与临界风速比相关，因此，通过改变布局设计要素实现风环境的优化是可行的。在具体的设计中，应理清正负相关的布局设计要素，综合考虑各正相关与负相关的布局设计要素，实现对城市通风的整体改善。

4. 风速与风向是城市通风效果的决定性因素

相较于其他影响要素，风速与风向是决定性的要素。在实际的规划设计中，既定的风速是自然界恒定的，不能人为改变输入风速，但是可以通过改变设计与主导风向的关系，找到最优的布局角度，实现最优的城市通风效果。

5.4 设计要素对空气质量影响的相关性排序

基于空气质量建立了设计要素的三大子系统，即开发强度要素系统、布局要素系统以及环境要素系统。这三大子系统中的各个指标对空气质量相关性影响强弱排序是重要的研究结论，基于此，才能让本章的研究内容成为优化设计方案的基础。

5.4.1 系统要素相关性分析方法

运用主成分分析法确定各子系统的整体通风效果

（1）用 Z-SCORE 方法对指标层各指标进行无量纲化处理：

$$z_{ij} = \frac{x_{ij} - \overline{x}_i}{S_j} \qquad （5.1）$$

其中

$$\bar{x}_j = \frac{1}{p}\sum_{i=1}^{p} x_{ij}\ ,\quad s_j^2 = \frac{1}{p-1}\sum_{i=1}^{p}\left(x_{ij} - \bar{x}_j\right)^2,\quad i = 1,2,...,p;\ j = 1,2,...,n$$

（2）对标准化矩阵 **Z** 求相关系数矩阵 **R**：

$$r_{ik} = \frac{1}{p-1}\sum_{j=1}^{p} z_{ij} \cdot z_{kj},\ i,k = 1,2,...,n \tag{5.2}$$

（3）解样本相关矩阵 **R** 的特征方程 |R−λΠ|=0 得 n 个特征根 λ_i 及相应特征向量 $\vec{y}_i$，将特征根降序排列，即可得到相关性评价结果。

在计算过程中，对于难以量化的指标用如下方法构成相关性计算矩阵，见表 5.24 所列，风向的量化，选取余弦值，即北风为 cos90°，取 0，风向其他方向上的变化取相应夹角对应的余弦值。关于建筑切割、建筑错落、广场设计以及建筑围合，这些难以量化的布局模式指标，依据线性代数上构成矩阵的方法，用 0 或 1 进行表征，没有变化的对比案例取 0，变化之后的取 1。

相关参数量化方法 表5.24

指标	量化方法
风向	余弦值
建筑切割	比较模型取 0，有切割选择 1
建筑错落	比较模型取 0，有错落选择 1
广场设计	比较模型取 0，有广场选择 1
建筑围合	比较模型取 0，有围合选择 1

5.4.2　影响城市空气质量的主要设计要素确定

基于各要素对临界风速比的影响变化，计算出各要素与临界风速比的相关性系数，见表 5.25 所列。需要说明的是，风速这些系数的正负表示与临界风速比的正相关或负相关，相关性系数的绝对值表示各要素对临界风速比影响的强弱。

城市设计各要素与临界风速比的相关性系数 表5.25

要素	相关性系数
临界风速比	1
建筑密度	0.35595668
粗糙度	0.15729111
建筑切割	0.14904748
建筑间距	0.13749036

要素	相关性系数
容积率	−0.02291172
建筑错落	−0.05155888
广场设计	−0.17630237
风道	−0.19225753
建筑围合	−0.21349173
风向	−0.33862098
风速	−0.43453268

依据计算结果，与临界风速比呈正相关的要素有：建筑密度、粗糙度、建筑切割以及建筑间距。与临界风速比呈负相关的要素有：风速、风向、建筑围合、风道、广场设计、建筑错落以及容积率。参照上述参数构成矩阵，关于布局设计要素的正负相关，指相较于均衡布局的设计改变。依据绝对值进行影响程度大小排序，结果见表 5.26 所列，风速、建筑密度与风向对于城市通风效果的影响最强。在实际的规划设计中，风速不能改变，因此对于通风效果的优化主要从布局与风向的夹角、建筑密度的控制、风道设计以及广场设计上综合考虑。

要素影响强弱排序　　　　　　　　　　　　　　　　　　　表5.26

要素	要素影响大小排序
风速	1
建筑密度	2
风向	3
建筑围合	4
风道	5
广场	6
粗糙度	7
建筑切割	8
建筑间距	9
建筑错落	10
容积率	11

5.4.3　有益于城市通风的设计导则

基于上述研究成果，得出了以下有益于城市通风的设计导则：

（1）主导风向应尽量平行于布局的风道，且在风口位置保持一个较大的开口，如图 5.83 所示。

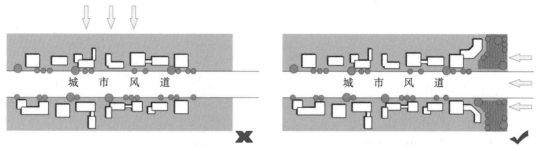

图5.83　主导风向应尽量与风道平行

（2）保证开发强度的前提下，减小建筑密度，适当提高容积率将有助于通风（但是容积率超过 2 时需慎重考虑），如图 5.84 所示。

（3）尽量在设计用地风吹入位置预留一定的空地，将有助于通风。这种空地可以与广场结合布置，如图 5.85 所示。

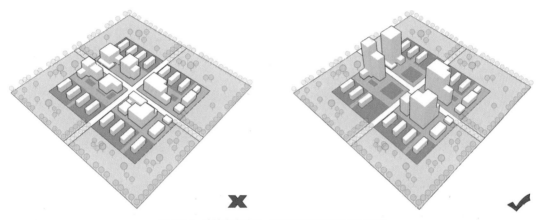

图 5.84　建筑密度减小、容积率适当提高有助于通风

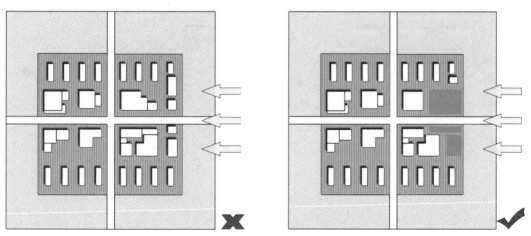

图5.85　在风口位置预留空地有助于通风

（4）相较于建筑对齐的规整行列式布局，适当地对建筑进行错列有助于通风，如图 5.86 所示。

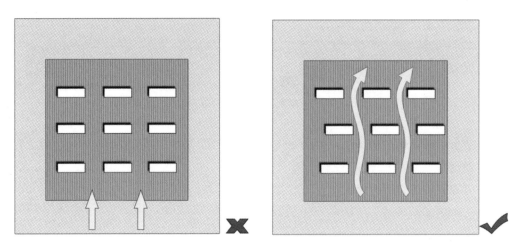

图5.86　建筑错落有助于通风

（5）在保证同样开发强度的前提下，建筑的适当围合有助于通风，且为了保证设计区域整体通风环境均好，适当采用半围合，如图 5.87 所示。

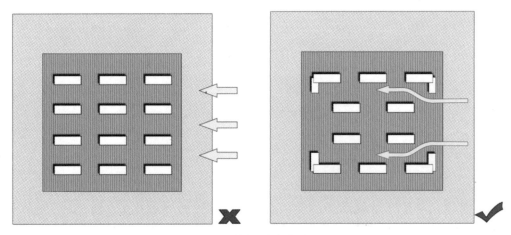

图5.87　建筑围合有助于通风

（6）建筑适当切割可以增加通风，但是这种切割不宜太碎，切割出的开口需要有一定的宽度，太细的通道反而会危害通风，在主导风向来流风向上进行切割更为有效，如图 5.88 所示。

（7）风道数量增加对于通风效果影响不大，但应保持单条风道适当的宽度，如图 5.89 所示。

（8）广场布局位置最好在来流风向的上风向，中心位置布置广场不利于通风，如图 5.90 所示。

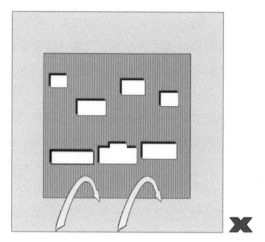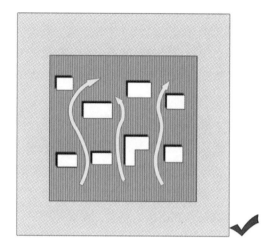

图5.88　建筑切割有助于通风

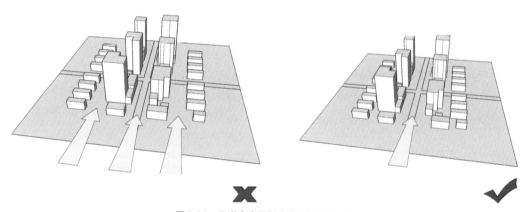

图5.89　风道宽度是影响通风的重要因素

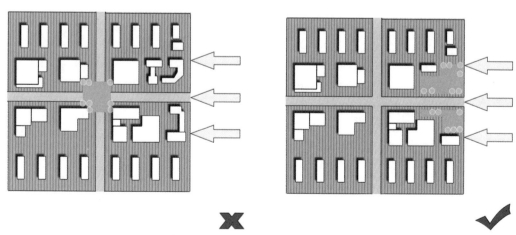

图5.90　上风向布局广场有益于通风

5.5 本章小结

本章基于临界风速比与城市规划设计要素系统和空气质量的关系进行了研究，将城市规划设计要素、空气质量以及风环境三者之间进行了关联，通过大量的标准模型算例，分析总结出城市规划设计各要素影响空气质量的变化规律，并借助统计学分析方法，得出各设计要素对营造良好空气质量的相关性排序，为下一步方案设计优化奠定了基础。研究的结论主要有以下几个方面：

（1）城市规划设计手段对于改善城市微气候环境是有效的，设计不仅是城市发展建设的指引，还将成为城市气候环境优化的措施。一个良好的城市设计，不仅包含合理的用地，系统完整的布局，还应包括对良好城市气候环境的营造。

（2）要实现立足于规划设计对城市空气质量进行改善，首先应该区分规划设计中有益通风的要素与不利通风的要素，在此基础上，充分利用与空气质量正相关的规划设计要素，同时控制与空气质量负相关的规划设计要素，系统考虑，才能实现最优的通风设计目标。

（3）风速是影响城市通风效果最重要的要素，但是在实际的规划设计中，风速固定，因此，实现有益于通风的手段包括：布局设计与主导风向保持一定的夹角；增加风道与广场的设计，且风道控制合适的宽度，广场尽量布局在上风向；适当地对建筑进行围合、错落；在控制建筑密度的基础上适当提高容积率。

（4）竖向空间上，建筑之间的谷地，越低通风效果越差，越高，通风效果越好。风速的明显分层对于高层建筑通风具有重要意义。

6　城市空气质量评价及优化实践

本章尝试将前面的研究结论运用于具体的案例实践，包括对城市微气候区域空气质量的评价，设计对局部区域空气质量的影响，通过第 5 章的结论对案例进行优化设计以及将智能优化算法纳入设计实践中。为了更好地验证优化措施的有效性，涵盖更多的空间类别，研究选取了三种类型的案例项目，分别为重庆市沙坪坝三峡广场方案、新疆乌鲁木齐钻石城广场设计方案以及四栋标准的板式建筑构成的设计单元。这三个项目包含了不同的气候区类别以及不同的项目建成模式，分属我国南北不同的气候区，有已经建成的设计项目也有纯粹的设计方案。选择它们作为优化设计对象，一方面能体现优化措施在不同气候区使用的普适性，另一方面也证明了基于设计要素的优化措施在城市规划的不同阶段的实用性，对于已经建成的项目，可以通过局部的调整实现城市气候环境的改善，对于处于方案阶段的设计成果，则可以从整体上进行评估指引，在兼顾设计要求的同时获得最佳的环境效应。

6.1　案例优化实践一——重庆市沙坪坝三峡广场

6.1.1　研究对象选取的背景及意义

1. 重庆市气候现状

重庆市属亚热带季风性湿润气候，年平均气温为 16~18℃，7~8 月为最热月份，平均气温可达 26~29℃，最冷月为 12 月至次 1 月，平均气温为 4~8℃。年平均降水量较丰富，可达 1000~1350mm，降水主要集中于 5~9 月，占全年总降水量的 70% 左右。重庆市在地形和各气候要素的共同作用下，主要气候特征为多雾、少风。

依据历年的气象资料，重庆市的全年室外风速较低，小于 5m/s 的风速占到了全年的 99.04%，风速在 0 ~ 1m/s 的情况占了近 1/4，无风的情况也占了近 1/4。

在重庆地区有风情况下，从风向上来看，主导风向为西北风，占 37.74%，其次为东北风，占了近 13.83%，其余的风向分布较为均匀。无风的比例也很高，占 21.78%。

综合风速、风向，得到了重庆市全年风玫瑰图，如图 6.1 所示。

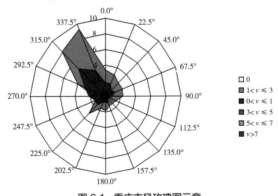

图 6.1　重庆市风玫瑰图示意

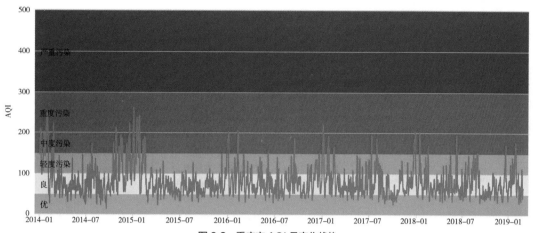

图 6.2　重庆市 AQI 月变化趋势

（图片来源：空气质量在线监测平台）

自 2014 年至今，重庆市空气质量指数 AQI 变化如图 6.2 和图 6.3 所示。AQI 最小值为 14，最大值为 262，平均值为 82。其中，重污染天数占 1.9%，中度污染天数占 4.6%，轻度污染天数占 17.1%。重庆市 $PM_{2.5}$ 在冬季偏高，夏季偏低，最大值出现在 2015 年 1 月，为 212，近年来空气中 $PM_{2.5}$ 含量有下降的趋势，如图 6.4 所示。基于重庆市多山地、湿度大、少风的现状，重庆市大气污染情况严峻，迫切需要得到改善。

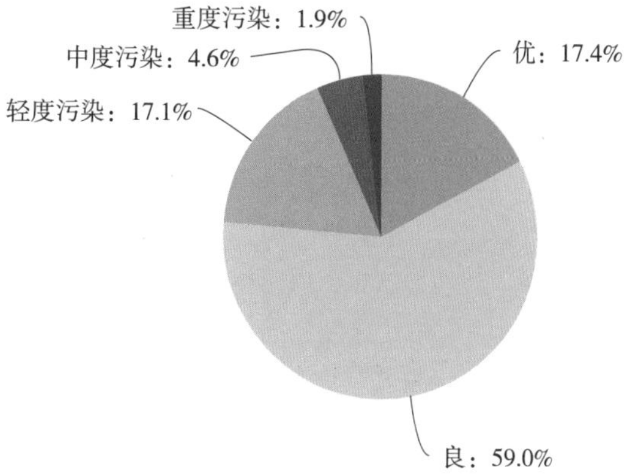

图 6.3　重庆市 AQI 日变化比例

（图片来源：空气质量在线监测平台）

2. 三峡广场区位及概况

三峡广场位于重庆市沙坪坝区中心地段，北接沙南街，南靠沙坪坝火车站，东至汉渝路，西邻渝碚路（图 6.5、图 6.6）。三峡广场由四个主要的部分构成，包括：商业文化广场、中心

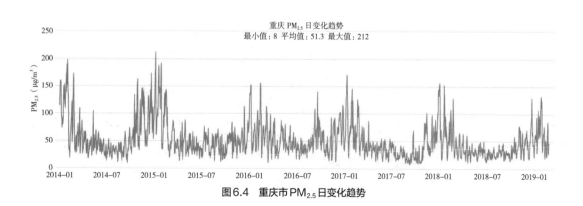

图 6.4　重庆市 $PM_{2.5}$ 日变化趋势

景观广场、名人雕塑广场、绿色艺术广场。四个部分作为整体于 2002 年 11 月 10 日正式建成开放，由于集中了商贸、文化、景观、休闲等多种功能（图 6.7），吸引了大量商业人流和观光游览人流。

三峡广场总用地面积约 20.8hm²，容积率 5.53，总建筑面积 115 万 m²。其中，商业服务业建筑面积 45 万 m²，商务办公建筑面积 22 万 m²，住宅及其他建筑面积 48 万 m²，商服密度指数为 0.4，商服强度指数为 2.02。

测试优化主要针对室外步行开敞空间，为了保证测试优化区域的完整连续性，不选取东南角居住住宅密集的小区域。

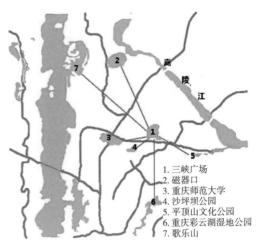

1. 三峡广场
2. 磁器口
3. 重庆师范大学
4. 沙坪坝公园
5. 平顶山文化公园
6. 重庆彩云湖湿地公园
7. 歌乐山

图 6.5　重庆市三峡广场区位示意图

图 6.6　重庆市三峡广场范围及项目测试区域

图 6.7　重庆市三峡广场局部街景

沙坪坝区共设置有2个国控环境空气质量自动监测点，分别位于高家花园和虎溪，由于三峡广场并没有定点的污染物测量点，本书选择距其最近的高家花园测量点作为其空气质量数据来源。

依据历年统计数据，沙坪坝区空气质量指数在整个重庆市都处在较差的水平。据2019年统计数据，沙坪坝全年空气质量优良天数排名为第38位，为重庆市所有区县中的倒数第2位。因此，选取沙坪坝三峡广场作为空气质量优化设计区域具有突出的现实意义。据监测站2020年2月27日数据（图6.8），2019年1月10日~2月13日，沙坪坝空气质量优的水平只有3天，最差的时候空气污染指数达到了104。

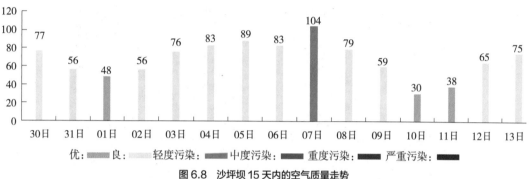

图6.8　沙坪坝15天内的空气质量走势
（图片来源：空气质量在线监测平台）

3. 选取三峡广场作为实施优化设计对象的合理性分析

选取沙坪坝三峡广场作为优化设计对象，主要基于以下几个方面：①重庆市多山地、少风、高湿的气候特征导致重庆市整体环境通风效率低下，容易造成空气污染。依据历年监测点数据，重庆市沙坪坝区空气质量在整个重庆市的所有区县中排名倒数第二，空气污染形势严峻，迫切需要进行空气质量优化设计。②三峡广场作为沙坪坝区有名的步行街，人流活动集中，室外空间的利用效率高，对其开敞空间的空气质量进行优化设计对人的健康促进具有较强的现实意义。③三峡广场的整体空间布局紧凑完整，涵盖了步行街空间大部分的设计要素，能代表大多数城市商业步行街的基本格局，具有典型性。④设立靠近它的空气质量监测点，易于获取来流条件，数值模拟仿真之后也便于进行数据验证。⑤三峡广场作为较早的城市商圈，未来必然进行更新设计，此优化模拟也具有较强的实践意义，可为未来三峡广场的改造更新提供有益的指引。

6.1.2　风速及污染物实测分析

1. 三峡广场风速及污染物实测选点

1）选点依据

为了更好地了解三峡广场空气环境质量现状，验证数值模拟方法的有效性和准确性，对三峡广场的空气质量进行了实测研究，实测获取的数据主要包括风速和污染物（PM2.5）浓度。在实测之前，需要选定具体的实测点。基于研究区域的特征以及需要得到的实测结果，选点如图 6.9 所示，一共设有 24 个点，覆盖了三峡广场主要的室外步行街区。选点的主要依据是：实测的目的是测试三峡广场室外空气质量，最终的任务是探究其对室外活动人群的影响，因此，选点以三峡广场人流集中程度为主要选择依据，选取人流较多、持续停留时间较长的点，主要参照热力图以及配合现场人流观察。选点的次要依据则是空间测量位置的均衡性，研究需要覆盖三峡广场整个步行街广场区域，因此，测量点需要能辐射三峡广场所有的街区范围，且为了保证测量数据相对独立又彼此联系，测量点需要设置合适的辐射半径。

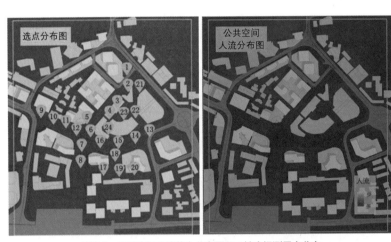

图6.9　三峡广场人流热力分布图及三峡广场测量点分布

2）仪器选择

风速的监测仪器选择了手持热线风速仪，型号为：台湾泰仕 TES-1341（图 6.10）。该风速仪的测试原理是：通电状态下传感器因风而冷却时产生的电阻变化。该风速仪属于高精度测试仪器，反应速度为 1s，拥有反应灵敏的伸缩式感应棒，常用于检测室内和户外风环境。PM2.5 检测仪选择博朗通 SMART-126S 空气监测仪，其测试原理是：在传感器上喷射具有催化活性的金属，测试气体通过测试口就会产生相应的氧化还原反应。SMART-126S 空气监测仪可以便捷地测试 PM2.5、PM10 等各种污染

图6.10　手持热线风速仪及空气检测仪（右）

物的浓度，测量精度较高，反应灵敏，是室外空气质量便捷测试的常用仪器。

2. 三峡广场风速及污染物实测结果分析

基于历年气象数据，重庆市污染严重的月份多为风速较低的冬季。因此，选择了 2019 年 12 月 4 日、11 日、14 日、16 日四天进行三峡广场空气质量和风速的实地监测。测试时间选

择 8：50~20：15（12h），定点逐时记录（每小时记录 3 次数据），每个测点每次测试时长 30s，记录 3 组瞬时数据。依据最后的测试结果，比照当天最近的大气监测点数据，12 月 14 日拟合度最好，因此选择 12 月 14 日作为实测结果分析数据。

依据测量结果，剔除不准确的数据，得到三峡广场污染和风速的时空分布如图 6.11 所示。$PM_{2.5}$ 的分布规律显示从 9：00 到 15：00，污染物浓度持续增加，空气质量变差，特别是横向的街道；15：00 以后空气质量又逐渐好转。对应的风速显示，这个时间段风速持续减弱，再缓慢增强。这说明：

（1）三峡广场冬季空气污染严重，空气中 $PM_{2.5}$ 含量较高。

（2）空气质量与风速之间呈现正相关关系，风速越大，对空气中污染物的搬运作用越强，空气的流通性越好，空气质量越好。这与之前的风洞试验、模拟研究结果一致。

（3）广场入口处污染物浓度较低，广场内空气质量较差，一方面因为内部环境相对封闭，且人流活动集中对空气质量的影响，另一方面则是因为入口处风速较高。

图 6.11　三峡广场 $PM_{2.5}$ 时空分布图

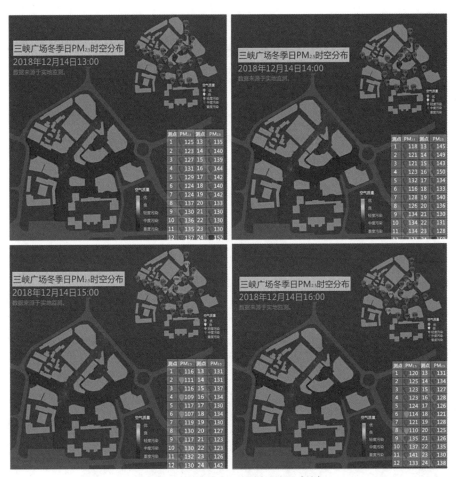

图 6.11　三峡广场 PM$_{2.5}$ 时空分布图（续）

3. 三峡广场风速及污染物现状实测与模拟对比

为了进一步证明模拟方法的准确性，将三峡广场现状风环境进行了模拟，风环境模拟气候条件参照 2019 年 12 月 14 日沙坪坝气象数据，进口风速取 2m/s，风向选择北偏西 15°，将实测点上 2019 年 12 月 14 日 8 个时间段的污染物浓度（PM$_{2.5}$）的平均值叠加在当天模拟的风场平面上，模拟结果如图 6.12 所示。

结果显示，三峡广场整体风速偏低，临界风速比较高，达到了 63.37%。北边入口位置风速较高，步行街中心区域风速较低，这与实测风速数据基本一致。叠加当天各代表性测量点 PM$_{2.5}$ 浓度分析，风速较高区域 PM$_{2.5}$ 浓度较低，如 1 号点、2 号点、6 号点等。风速较低区域 PM$_{2.5}$ 浓度较高，如 13 号点、14 号点、22 号点等。整体上差别不大，这是因为污染物浓度取平均值之后，各点位污染物浓度差异会缩小。但是也存在一些误差，比如 1 号点看起来风速比 2 号点大，但是污染物浓度更高，这是因为实际测量会受到瞬时变化因素产生误差，但是整体上的趋势基本一致。综上，可以得出：

（1）三峡广场建筑密集，环境闭塞，尤其是步行街区域，风速低，空气质量差。

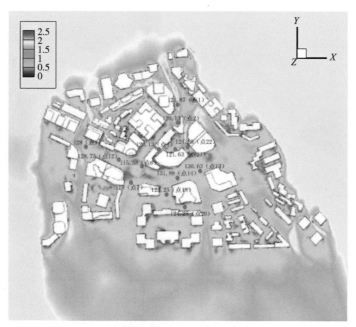

图 6.12　三峡广场 CFD 模拟风速云图叠加实测点污染物浓度分布

（2）关于风速与污染物的关系，实测以及模拟都证明了其正相关的关系。

（3）CFD 计算模拟准确有效，模拟的风环境数据与实验数据基本吻合。

6.1.3　三峡广场健康场所判定指引

1. 三峡广场来流条件选取

对某一区域空气质量进行评估，进而为活动的人群提供相应的场所选择建议，最佳模式即依据天气预报的气象数据，预测未来某一天的空气污染分布，为当天出行的人群提供实时的场所空气质量监测指引。本书仅做示例性的研究，以验证上述空气质量判定指标的可用性。因此，依据人群在沙坪坝三峡广场的活动规律，选取了 2020 年 2 月 5 日 8：00~9：00、12：00~14：00 以及 18：00~20：00 三个时间段的气象数据作为模拟的来流条件。具体气象数据见表 6.1 所列。

三峡广场风场模拟的来流条件　　　　　　　　　　　表6.1

时段 （2020年2月5日）	风速（m/s）	风向	温度 （℃）	气压 （Pa）	主要活动
8：00~9：00	1~2级（取1.8）	西北风	8	98000	上班等通勤活动
12：00~14：00	1~2级（取1.8）	西北风	10	98000	逛街、午餐等产生交通活动
18：00~20：00	2级（取2.5）	西北风	11	98000	下班通勤、散步、跳舞以及逛街等

2. 三峡广场临界风速比模拟结果

借助 CFD 技术，计算出三峡广场整个区域研究当天（2020 年 2 月 5 日）不同时段风场，如图 6.13（a）~ 图 6.16（a）所示，为了更好地表征风速低于 1m/s 的空气质量较差区域，将所有低于 1m/s 的风速区域都设定为蓝色。为了更好地判定空气质量较好区域所在位置，将研究区域划分为 30m×30m 的网格，对应于模拟结果，参照评估标准，可以清晰得出适宜活动区域。

由模拟结果（表 6.2）可以得出：①总体上，2020 年 2 月 5 日三峡广场整个区域空气质量较差，空气滞留区占了大部分的区域，三个时间段空气质量优良比分别为 19%、19% 以及 35%，均不到 50%，不宜在室外较多时间停留；②空间分布上，空气质量较差区域主要集中分

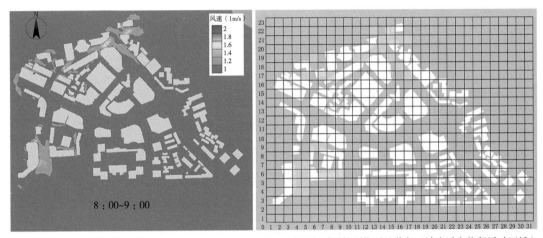

（a）风场模拟结果　　　　　　　　　（b）健康空气质量场所指引（黄色区域为适宜停留活动区域）

图 6.13　三峡广场风场模拟结果及对应的健康空气质量场所指引（2020 年 2 月 5 日 8：00~9：00）

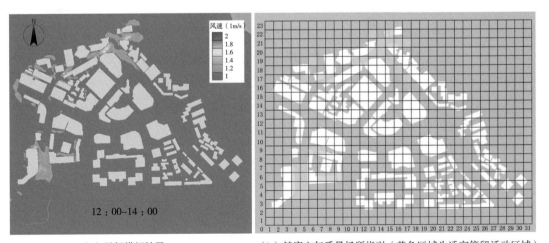

（a）风场模拟结果　　　　　　　　　（b）健康空气质量场所指引（黄色区域为适宜停留活动区域）

图 6.14　三峡广场风场模拟结果及对应的健康空气质量场所指引（2020 年 2 月 5 日 12：00~14：00）

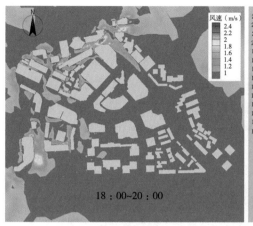

（a）风场模拟结果

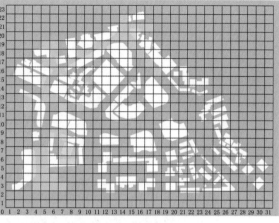

（b）健康空气质量场所指引（黄色区域为适宜停留活动区域）

图 6.15　三峡广场风场模拟结果以及对应的健康空气质量场所指引（2020 年 2 月 5 日 18：00~20：00）

布于中部以及东南部区域，西北以及北向区域空气质量较好，具体的空间分布如图 6.13（b）~
图 6.15（b）所示。③时间分布上，三峡广场 8：00~9：00 和 12：00~14：00 整个区域空气质
量较差，不利于室外活动，18：00~20：00 空气质量有所改善，在北面以及西北面有较大区域
可以进行室外活动。

2020年2月5日三峡广场分时段健康场所选择结果　　　　　　　表6.2

时段	场地内最大风速（m/s）	场地内平均风速（m/s）	场地空气质量优良比（%）	健康活动场所指引
8：00~9：00	1.9	0.43	19	Q（13，22）；Q（15，22）；Q（14，21）；等30个区域
12：00~14：00	1.9	0.43	19	Q（13，22）；Q（15，22）；Q（14，21）；等30个区域
18：00~20：00	2.8	0.65	35	Q（4，3）；Q（5，3）；Q（6，3）；等53个区域

注：场地空气质量优良比，指场地内能有效通风区域占区域总面积的比例；有效通风，指风速高于1m/s的区域。

　　此场景的模拟，只是对城市区域空气质量时空分布的一次模拟尝试，证明了在建立风速
判定标准的基础上，利用风速分布对特定区域特定时间段空气质量分布进行描述的可行性。
这种简便易行且精度较高的空气质量优劣分布图可以较好地指引在此区域活动的人群选择具
体的活动停留空间，以最大限度保证身体健康。

6.1.4　基于空气质量优化的三峡广场广场设计修正

1. 三峡广场设计要素提取

　　测试优化区域空间设计要素指标统计见表 6.3 所列。三峡广场为典型的高容积率、低透气
性人口集中的步行街空间，对其设计要素进行提取（图 6.16），开发强度要素中的容积率、建

筑密度以及透气性分别为 5.53、0.4、0.19。布局设计要素方面，整个三峡广场的建筑形成了 5
个小的组团，每个组团都相对封闭围合，贯穿着 2 条平行于主导风向的风道以及 2 条垂直于
主导风向的风道，除一条主要交通要道较为通畅之外，其余的风道都不够连续，中间有阻挡，
建筑围合中心设置了广场，且沿着步行街在步行街衔接处设置有广场；环境背景要素中，三
峡的冬季风速较低，静风时间较多，主导风向为北偏西 15°，三峡广场布置有水街、树阵以及
一些街头绿化，树阵绿化占地面积较大，水街经常无水，因此地面粗糙度取值为绿植对风场
影响的建议粗糙度 0.03m。

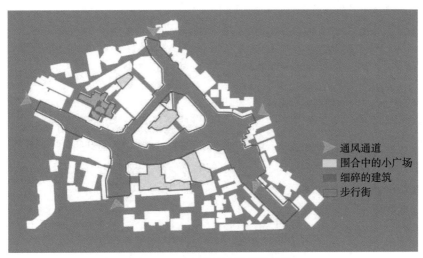

图 6.16　三峡广场设计要素指标提取

三峡广场设计要素指标系统提取　　　　　　　　　　　　　　　　　表6.3

准则层	指标层	具体数值或描述
环境背景要素	风向	北偏西 15°
	风速	冬季实测日平均风速 2m/s
	粗糙度	空地有水街以及绿化，绿化占大部分，选取 0.03m
布局设计要素	建筑切割	建筑细碎布局，有切割
	建筑间距	沿街的建筑有间距增大的情况
	建筑围合	形成了五个围合小空间
	建筑错落	围合里面的建筑有错落
	风道设计	两条平行于主导风向的风道 两条垂直于主导风向的风道
	广场设计	组团中间有小广场，步行街上衔接小广场
开发强度要素	容积率	5.53
	建筑密度	0.4

整体上看，三峡广场建筑布局被步行街切割为几大组团，且每个组团中心都有相对围合的小广场，北面迎风面的建筑尤为密集，有较多的细碎建筑杂乱布局，风口较多，但是由于建筑的阻挡，不能形成良好连续的通风通道，且三峡广场地形复杂，地面高差较大，有下沉式广场，也有上坡的步行街道。

2. 基于空气质量优化的设计要素修正

依据第5章的结论，对三峡广场的设计要素进行修正以实现良好的通风效果。基于三峡广场是一个已经建成的城市设计项目，且已经投入使用多年，进行的修改只是为未来城市更新做指引，不是项目重新规划的内容。因此，对三峡广场的设计修改不宜大幅度地重新构思，而是局部调整（图6.17）。具体内容如下：

图6.17　三峡广场修改设计要素示意

（1）三峡广场的建设目标是一个人流集中的城市步行街区，集商业、居住为一体。对三峡广场的设计必须有一个较高的开发强度，这里不做调整，甚至为了保证容积率，将其中一些建筑的高度增高。

（2）三峡广场是已建成投入使用项目，对于建筑密度要素，虽然其对空气质量影响很大，但是这里却无法调整，只是在未来更新设计中做建议指引。

（3）依据第五章的结论，风速和风向虽然是重要的指标，但是难以调整，对于三峡广场风环境的优化调整应集中于风道设计和广场布局，因此，在平行于主导风向的位置再加设一条风道，将原来细碎的建筑物删除，失去的容积率通过增加其他建筑的高度获得。

（4）将中心位置的封闭小广场打开为一个衔接风道的开放小广场，且其位于主导风向的上风向，因此将获得较好的通风效果。

3. 修正之后的风环境质量对比

1）结果分析

通过对三峡广场的方案修正，空间上的变化如图6.18所示，得出的风速云图如图6.19所示。整体上看，在增加了风道以及打通了闭塞的广场之后，整个沙坪坝三峡广场的低风速区域减少，低于临界风速的区域明显下降。分布上看，原来的方案形成了较多的封闭围合小广场，中心的步行街风环境质量差，方案修改之后高风速区域延伸进小广场，步行街风环境有一定程度的改善，周围背风区的风环境也有所改善。

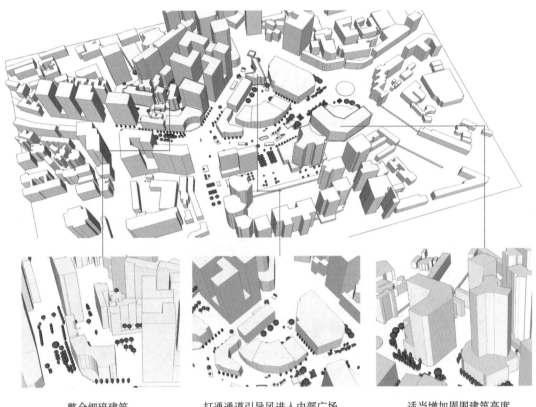

| 整合细碎建筑 | 打通通道引导风进入内部广场 | 适当增加周围建筑高度 |

图6.18 三峡广场空间变化调整

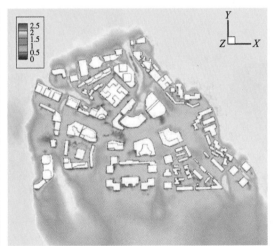

原始方案 优化方案

图6.19 三峡广场方案优化后云图对比

三峡广场优化设计前后风环境数据对比（表6.4）显示，优化之后临界风速比从原来的63.37%下降到52.07%，平均风速由原来的0.91m/s上升到1.13m/s，最大风速由原来的3.7m/s下降到2.87m/s，与输入风速2m/s相比，平均风速有所上升，最大风速有所下降。

三峡广场优化设计前后风环境数据　　　　　　　　表6.4

项目编号	临界风速比（%）	平均风速（m/s）	最大风速（m/s）	最小风速（m/s）	输入风速（m/s）
原始方案	63.37	0.91	3.7	0	2
优化方案	52.07	1.13	2.87	0	2

综上所述，对沙坪坝三峡广场风环境的优化设计是有效的，临界风速比的值下降了10个百分点（图6.20、图6.21），城市空气质量有明显的改善。且经过方案优化设计之后，三峡广场高风速区域分布渗入许多围合的小广场，有效改善了人流集中区域的空气质量。因此，在设计过程中，将基于城市空气质量的风环境优化设计纳入其中是以后实现城市环境质量提升的重要手段。

2）结论启示

城市规划设计要素系统对城市空气质量的优化作用应用于具体的实践案例中是有效的，依据要素系统对城市空气质量优化的相关性强弱对城市设计方案进行修改，可准确地对方案的空气质量进行改善。对于已经建成的城市设计方案，尽量少地修改设计，以避免大幅度对城市空间的重建调整；对于待建的城市设计方案，应从设计之初就将有益于城市环境质量的设计要素与设计目标综合平衡，整体控制，避免城市建设成为降低城市空气质量的原因。

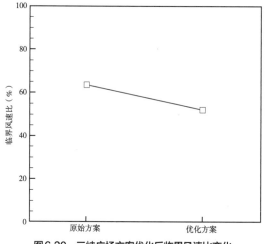

图6.20　三峡广场方案优化后临界风速比变化

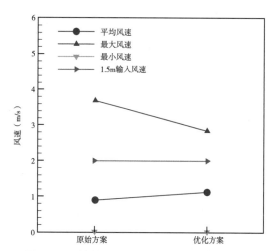

图6.21　三峡广场方案优化后各项风速数据提取比较

6.2 案例优化实践二——新疆乌鲁木齐钻石城广场设计方案

6.2.1 研究对象选取的背景及意义

1.乌鲁木齐市气候现状

乌鲁木齐地处东经86°37′33″~88°58′24″，北纬42°45′32″~45°00′00″，位于中国西北部，新疆中部，天山北麓，毗邻中亚各国，有"亚心之都"的称号。乌鲁木齐是世界上离海洋最远的城市，属温带大陆性干旱气候，最热的是7~8月，平均气温25.7℃，最冷的是1月，平均气温−15.2℃。气候干燥、降水少、蒸发量大，造成水资源短缺，制约了当地社会经济发展尤其是农牧业经济发展和生态环境保护。

乌鲁木齐地区风能资源丰富。市区全年盛行北风和西北风，北部平原和大西沟等地全年盛行南风，达坂城谷地盛行西风，南部中低山区盛行东北风和南风。在天山影响下，山谷风也较明显，夜间均吹南风－山风，白天吹北风－谷风。乌鲁木齐春夏季的风速最大，冬季风速最小，大部分地区年平均风速2~3m/s，依据相关数据获得的风玫瑰图如图6.22所示。

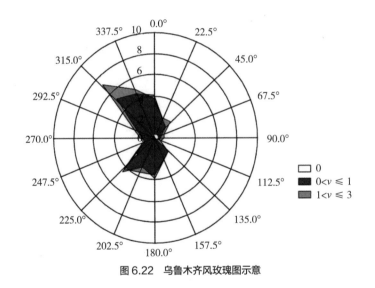

图 6.22　乌鲁木齐风玫瑰图示意

中国空气质量在线监测分析平台提供的数据显示，2016~2019年间，乌鲁木齐市在夏季风速较高，最高可达6~7级，冬季风速较低，处于0~1级之间。因为采暖燃煤的影响，乌鲁木齐市冬季空气质量较差，污染严重，如图6.23所示。

乌鲁木齐市大气污染问题严重，1998年就被列为世界十大污染城市之一。2011年世界卫生组织公布的全球1083个城市的空气质量排名（以年平均PM$_{10}$浓度由小到大，其中包括中国32个城市）显示：乌鲁木齐为1053名，处在污染严重的倒数50个城市之中。

造成乌鲁木齐大气污染严重的原因：一方面是由于污染物过量排放，另一方面则深受地

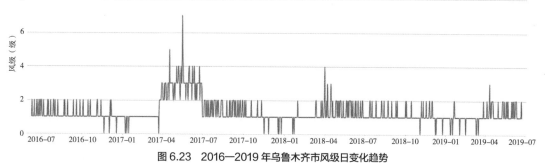

乌鲁木齐风级日变化趋势
最小值：0 平均值：1 最大值：7

图 6.23 2016—2019 年乌鲁木齐市风级日变化趋势
（图片来源：中国空气质量在线监测分析平台）

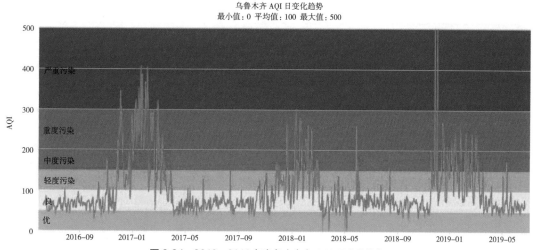

乌鲁木齐 AQI 日变化趋势
最小值：0 平均值：100 最大值：500

图 6.24 2016—2019 年乌鲁木齐市 AQI 日变化趋势
（图片来源：中国空气质量在线监测分析平台）

形导致的气象条件的影响，狭管状的城市布局很难形成有效的通风，使得乌鲁木齐空气流通效率差，污染物容易集聚，空气污染严重。

中国空气质量在线监测分析平台提供的数据显示，2016~2019 年乌鲁木齐市 AQI 在每年的 1 月份（冬季）达到高值，都处于重度污染状态，其中在 2017 年和 2019 年的 1 月，AQI 突破了 300，空气质量极差，如图 6.24 所示。从乌鲁木齐市 AQI 日分布来看，2016~2019 年间，空气质量优良天数达到 69.2%，其中严重污染天数占 2.0%，如图 6.25 所示。

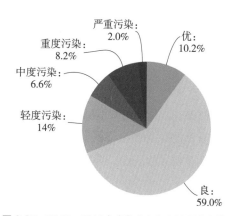

图 6.25 2016—2019 年乌鲁木齐市 AQI 日分布情况
（图片来源：中国空气质量在线监测分析平台）

污染物成分方面，以对人体危害程度最大的 PM$_{2.5}$ 来说，2016—2019 年间，乌鲁木齐市 PM$_{2.5}$ 平均值为 59.5，最大值 360，高于全国平均水平。时间分布上，以冬季较高，PM$_{2.5}$ 均突破了 200，如图 6.26 所示。

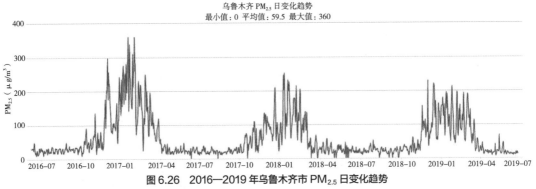

图 6.26　2016—2019 年乌鲁木齐市 PM$_{2.5}$ 日变化趋势

（图片来源：中国空气质量在线监测分析平台）

因此，乌鲁木齐市由于风环境以及污染源的影响，冬季空气质量最差。

2. 钻石城广场现状以及气候特征

此次研究范围包含新市区与乌鲁木齐高新技术产业开发区（以下简称"高新区"）两区的部分用地。规划区东邻城市快速路河滩路，南起新医路，西邻太原路，北至河北路，用地面积为 19.65km^2，如图 6.27 所示。

规划区整体地势南高北低，地势平坦，高程 730~810m，由南向北坡度约为 1.5%，最高点为鲤鱼山公园，海拔 851.7m。

图 6.27　钻石城广场区位

（图片来源：钻石城投标方案）

该区域位于乌鲁木齐市中心，人口稠密，建筑密集，且缺乏统一规划，周围虽有鲤鱼山公园大片绿地，但是缺乏与项目内部公园绿地衔接，没有形成系统。乌鲁木齐市 7 个监测站的资料显示，乌鲁木齐市空气污染严重地区在米东区和新市区（监测站），新市区与水磨沟区一小部分地区空气污染程度相对较低；整个城市的大部分地区处在空气质量中度污染状态。依据研究项目的区位，可以看出其处于污染严重的区域，对于居住在其中的人的健康是极为有害的。

3. 案例选取的价值

选取乌鲁木齐市钻石城广场城市设计方案作为优化对象具有以下几方面的意义：①乌鲁木齐市为冬季风速较低，且污染严重的城市，代表了我国大部分北方城市的冬季气候特性，对它进行优化能为我国北方大部分污染严重的城市提供设计参考。②选取的钻石城区域为典型的城市人口密集区域,对它的空气质量进行优化,对生活在其中的人来说具有重要的现实意义。③选取的优化设计对象为设计方案,这是在设计方案阶段对其生态环境效应进行评估的尝试,为以后的规划设计考虑城市空气质量要素奠定了基础,让气候设计融入城市规划,让城市通风优化成为城市设计的重要一环。

6.2.2 不同设计方案广场风环境模拟研究结果比较

1. 各方案广场风环境模拟结果

1)方案设计对现状临界风速比有明显改善

现状及6个方案风环境模拟结果如图6.28~图6.34所示。气压和温度基本无变化,风速有较大变化,最大风速达到1.89m/s,最小风速为0m/s;现状广场临界风速比为97.12%,方案一至方案六的广场临界风速比分别为93.37%、78.39%、97.41%、89.71%、92.35%以及95.69%(表6.5)。依据临界风速比越高,风环境越差的原则,方案二的广场风环境最好,方案一、方案四、方案五、方案六都对广场现状风环境有一定程度的改善,方案三的临界风速比高于现状,对现状风环境产生了消极影响。

广场风环境模拟结果统计　　　　　　　　　　　　　　表6.5

项目	临界风速比 (%)	最大风速 (m/s)	最小风速 (m/s)	平均风速 (m/s)	气压 (Pa)	温度 (℃)
方案一	93.37	1.80	0	0.43	91161.93	-10
方案二	78.39	1.89	0	0.59	91162.15	-10
方案三	97.41	1.70	0	0.28	91161.91	-10
方案四	89.71	1.83	0	0.53	91161.92	-10
方案五	92.35	1.81	0	0.48	91161.91	-10
方案六	95.69	1.76	0	0.38	91161.93	-10
现状	97.12	1.73	0	0.32	91162.11	-10

2)各方案临界风速比的差异

依据计算所得结果,同一气象条件下,不同的设计布局方案对城市风环境,特别是城市广场的风环境的影响是有差异的,或是积极的,或是消极的。故寻求具体设计要素与风环境之间的关联,对于积极适应并利用风环境是有效的,也为通过设计手段改善空气质量提供了途径。

2. 各方案整体设计要素提取

1)各方案要素提取标准判定及意义

依据现有设计成果,提取的主要设计要素见表6.6和表6.7所列。

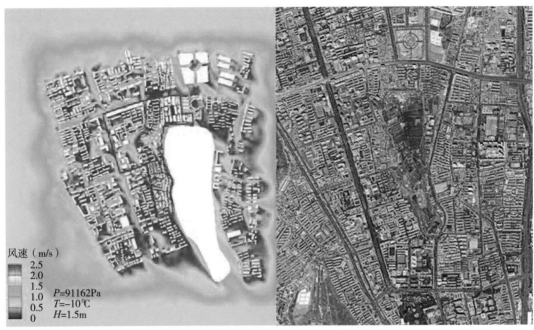

图6.28　现状风环境模拟结果图示

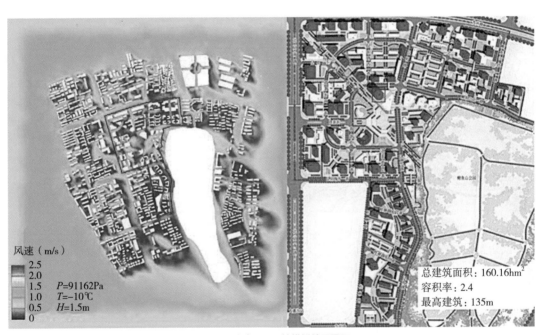

总建筑面积：160.16hm²
容积率：2.4
最高建筑：135m

图6.29　方案一风环境模拟结果图示

（1）广场核心区空间设计要素

核心区开发强度指标包括：核心区容积率、建筑密度、平均层高。计算范围以火炬广场为核心，向外延伸的第一圈建筑所包围的区域。

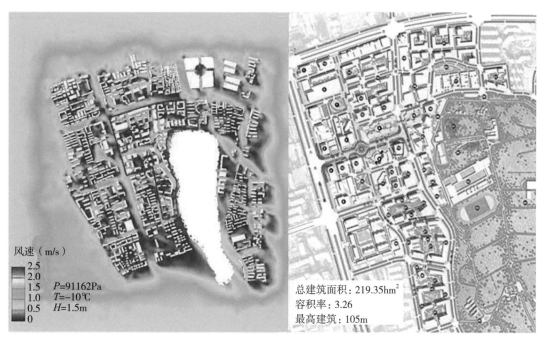

图6.30　方案二风环境模拟结果图示

总建筑面积：219.35hm²
容积率：3.26
最高建筑：105m

风速（m/s）
2.5
2.0
1.5
1.0
0.5
0
P=91162Pa
T=−10℃
H=1.5m

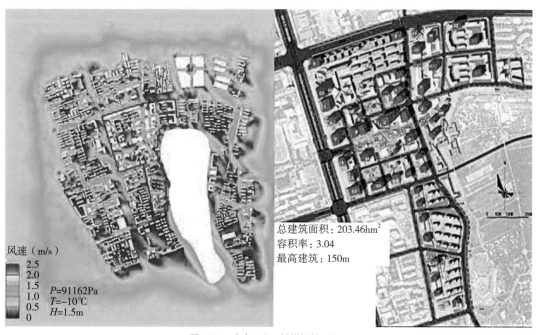

图6.31　方案三风环境模拟结果图示

总建筑面积：203.46hm²
容积率：3.04
最高建筑：150m

风速（m/s）
2.5
2.0
1.5
1.0
0.5
0
P=91162Pa
T=−10℃
H=1.5m

广场围合程度指标：代表广场周围建筑物围合状态，以广场边界向外延伸的第一圈建筑为参考标准。表征算法为第一圈建筑中线相连的总长度与整个第一圈建筑范围构成的多边形的周长比率。

图6.32 方案四风环境模拟结果图示

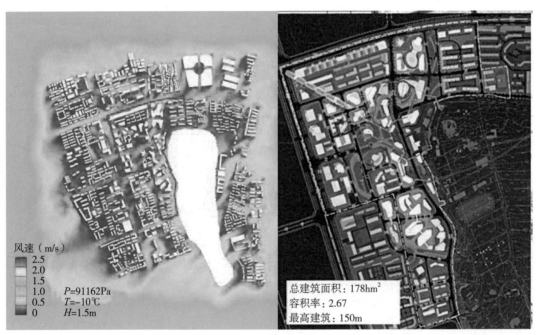

图6.33 方案五风环境模拟结果图示

主要开口数目：代表广场核心连通外围的出口数目。

最宽开口宽度：代表广场向外开口的最宽宽度。

广场形状：以广场形状规则与否进行判定。

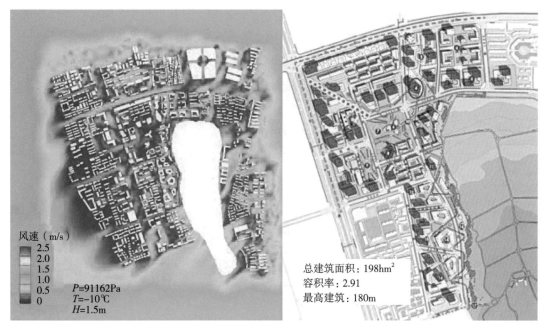

图6.34 方案六风环境模拟结果图示

广场核心区空间设计要素提取 表6.6

项目名称	核心区开发强度			围合程度	主要开口数目（个）	最大开口宽度（m）	广场形状
	容积率	建筑密度（%）	平均层数（层）				
方案一	3.09	24.74	22.38	0.41	2	36	不规则
方案二	4.39	56.55	19.33	0.49	1	70	规则长方形
方案三	7.77	56.35	29.80	0.56	1	31	不规则长条形
方案四	5.92	30.96	33.25	0.63	2	51	不规则
方案五	2.96	27.79	16.00	0.47	2	29	不规则
方案六	3.00	21.19	18.72	0.48	2	26	规则（中间布置大体量建筑）

（2）广场外围区设计要素

步行街设计指标：6个方案中都有相关的步行街设计，且大多与广场有衔接。表征步行街定量的设计要素，包括步行街的长度、宽度、长宽比三个分量。关于其宽度的量化，各个步行街并不是完全意义上的等宽，所以选取其平均宽度作为宽度标准。

步行街与主导风向的夹角范围：表征步行街作为风道的有效性，以偏离15°范围作为衡量标准。

外围环境整体开发强度：为钻石城区域城市设计的整体容积率，它能真实地反映广场周围用地情况，建筑在土地上的布局容量。

超高层建筑布点：选取的超高层建筑专门指设计范围内最高层建筑，用其高度以及与广场的位置表征其属性。至于广场周围其他的高层建筑，则由第四点要素弥补。

广场外围区设计要素提取　　　　　　　　　　　　　　　　　　　　表6.7

项目名称	步行街			主导风向与步行街的关系（夹角）	最高层建筑布点（与风道的夹角）	外围容积率
	长度（m）	宽度（m）	长宽比（%）			
方案一	380	31	12.26	<15°	<15°（广场上风）	2.40
方案二	474	66	7.18	>45°	<15°（广场下风）	3.26
方案三	122	9	38.02	<15°	<15°（广场上风有遮挡）	3.04
方案四	404	21	19.24	<15°	<15°（广场下风）	3.04
方案五	386	10	38.60	<15°	>45°（广场上风）	2.67
方案六	327	9	38.02	<15°	>45°（广场上风）	2.91

2）各方案要素比较

（1）广场核心区各要素比较

核心区整体开发强度：6个方案的整体开发强度都较高，以方案三最为突出，容积率、建筑密度、平均层数分别为7.77、56.35%以及29.8层。这与设计理念一致，中心广场周边作为城市重点开发项目，一般会增加开发强度以提高土地利用率。

区域围合程度：6个方案围合程度相对比较均衡，维持在0.4~0.6。其中，方案四围合程度最高，为0.63；方案一最低，为0.41。

核心区主要开口数目：6个方案基本一致，除方案二和方案三外，都有一个沿着风道、一个垂直于左侧道路的两个向外开口。

最宽开口宽度：差异较大，最宽的方案二为70m，最低的方案六为26m。

广场形状：除方案二和方案六为规则形状之外，其他四个方案的广场核心区都由于建筑的分割，呈现不规则平面。

（2）广场外围区各要素比较

步行街设计参数：各方案差异较大。长度，方案二达到474m，而方案三只有122m。宽度，方案二为66m，最低的方案三以及方案六只有9m。

步行街与主导风向的夹角：除方案二的步行街与主导风向的夹角大于45°外，其余方案的步行街方向都基本平行于主导风向。方案三和方案六的步行街没有与广场直接相接；方案六的步行街太过曲折，被建筑阻挡较多；方案三的步行街被建筑完全隔断，没有和广场直接相接。

各方案最高层建筑选址：广场周围最高层建筑的选址方面，方案一、二、三、四都选在了与主导风向平行的位置上，除去方案三之外，其他的超高层建筑都避开了风道的来流，不会对主导风的引入产生阻碍；方案五和方案六的超高层建筑布点与主导风向不在同一方向上，夹角都超过了45°。建筑高度方面，方案四的超高层建筑最高，方案二的超高层建筑最低，分别为165m和105m。

外围容积率：开发强度最高的为方案二，最低的为方案一，分别为3.26和2.40。

3. 各方案设计要素对应的临界风速比关联性分析

关联性判定条件是基于各要素值与临界风速比的线性关系而言，样本点为6个不同的设计方案，当有3个或以上样本点与临界风速比正相关或负相关，就将其确定为临界风速比与这一要素呈现关联关系，否则就判定为无关。

1）基本布局要素的是非判定结果

临界风速比从低到高排序，表征的是优化空气质量的能力由强到弱，对应的基本布局要素判定结果见表6.8所列。①单从广场形状而言，规整的长方形是最有利的通风布局形态。②关于风道设计布局，布局成直线的通风效果会好于布置成曲折的效果；开口与主导风向平行与否不是最重要的因素，只要不完全背离主导风向，或在下风向开口，都会带来较好的通风效果。③在风道设计中，没有构筑物阻挡，将达到最好的通风效果。④风道与广场的衔接性，也在很大程度上影响着通风效果，风道穿越广场效果最佳，衔接次之，完全隔断最差，故超高层建筑尤其不能放到风道上，会严重阻碍通风效果。⑤关于广场上建筑物的布置，留有风道出口，且在其他方向周边式布置建筑对广场的通风效果影响较弱，而在建筑中心布置大体量的建筑，将严重影响通风。

各方案空间布局要素的是非判定结果 表6.8

项目	临界风速比（%）	广场形状规则与否	关于风道				关于最高层建筑选点是否构成阻挡	核心广场中心是否有建筑
			开口平行主导风向与否	布置直线与否	有无阻挡	是否可达广场		
方案一	93.37	不规则	是	是	否	是（衔接）	否	否
方案二	78.39	规则长方形	否	是	否	是（穿越）	否	否
方案三	97.41	不规则	是	是	隔断	否（隔断）	是	否
方案四	89.71	不规则	是	是	否	是（衔接）	否	否
方案五	92.35	不规则	是	是	否	是（衔接）	否	否
方案六	95.69	规则	是	否	部分	是（衔接）	否	是

2）广场核心区设计参数与临界风速比的关联性比较

广场核心区设计参数与临界风速比关联性结果分析见表6.9所列。①从广场核心区开发强度三个分量指标来看，广场核心区建筑密度对通风影响不大，反而某种程度上呈现负相关的关系，这是因为广场核心区的建筑布局在广场周边，没有满铺在广场之上；②容积率越大，通风效果越差，这与常识性结论一致，高容积率让广场的开敞性变差，风被遮挡或减弱；③广场核心区平均层数与临界风速比的关系无明确规律。

各方案广场核心区域相关要素与临界风速比关联性结果 表6.9

项目	临界风速比（%）	核心区建筑密度（%）	核心片区容积率	核心片区围合度	核心区平均层数（层）	主要开口数（个）	最大开口宽度（m）	广场面积（m²）
方案一	93.37	24.74	3.00	0.41	22.38	2	36	62889.86
方案二	78.39	56.55	4.39	0.49	19.33	1	70	8880.97
方案三	97.41	56.35	7.77	0.56	29.80	1	31	10461.26
方案四	89.71	30.96	5.92	0.63	33.25	2	51	21825.13
方案五	92.35	27.79	2.96	0.47	16.00	2	29	17663.27
方案六	95.69	21.19	3.09	0.48	18.72	2	26	22783.61

（1）广场围合度设计参数。围合度越高，临界风速比越高，通风效果越差。这是因为在1.5m高度上，大量的裙房相连，相连的部分严重阻碍了通风，因此相连的距离越长，围合度越高，开敞性越差，通风效果越差。

（2）广场向外的开口数影响。开口越多，越有利于临界风速比的降低。

（3）广场开口的最大宽度。宽度越宽，越能保证广场内部临界风速区的弱化。这是因为广场最大的开口是引入风源的主要通道，开口越大，同样条件下引入的风量越多，通风效果越好。

（4）广场面积与临界风速比之间无明确关联性。

3）基于广场外围设计参数与临界风速比的关联性比较

外围设计参数的影响见表6.10所列。步行街（风道）的设计对临界风速比的影响明显。步行街的长度与临界风速比呈现负相关的关系。步行街越长，临界风速比越低，通风效果越好。步行街的宽度与临界风速比呈现负相关的关系，步行街越宽，通风效果越好。关于步行街的长宽比，模拟结果显示，长宽比越低，风环境越好。但是，基于临界风速比与风道长度

各方案广场外围区域相关要素与临界风速比关联性结果 表6.10

项目	临界风速比（%）	步行街长度（m）	步行街宽度（m）	步行街长宽比（%）	外围容积率
方案一	93.37	380	31	12.26	2.40
方案二	78.39	474	66	7.18	3.26
方案三	97.41	122	9	14.02	3.04
方案四	89.71	404	21	19.24	3.04
方案五	92.35	386	10	38.6	2.67
方案六	95.69	327	9	38.02	2.91

和宽度的关系，这种长宽比会有一个最小的极限范围，不会呈现绝对的负相关。

外围容积率对临界风速比的影响与核心区容积率的影响刚好相反，呈现正相关，外围容积率越高，临界风速比越小。但该结论还需进一步实验证实。

4. 综合判定各方案环境效应

上述分析结果表明，由于没有从最初的构思上就把降低临界风速比作为设计目标，因此6个方案在兼顾设计对广场风环境的改善上都非常有限。方案二的临界风速比最低，通风效果最好，但是方案二出现临界风速比最低的原因，是其步行街风道贯穿广场，事实上广场成了步行街的一部分，结合空间布局以及经济技术指标，方案二并不一定为最优方案。

5. 讨论

研究界定了有效稀释污染空气的风速阈值，即在人行层面（1.5m）上，当风速低于1.0m/s时，空气污染物得不到有效稀释，容易造成空气污染。

研究引入了新的空气质量判定指标——临界风速比。此指标的引入，简化了城市局部区域通风效率的判定程序，可通过对城市局部区域风速云图的模拟，便捷直观地显示出某一具体区域空气质量的优劣。

研究表明，在同一用地环境，相同的地块、相同的气候背景信息下，不同的设计布局会带来临界风速区的分布和比率的差异，参照通风与空气质量的关联关系，证明合理的设计是改善局部区域空气质量的重要手段。通过将设计要素与空气质量进行分类关联排序，得出优化通风效果的设计建议，即开发强度要素对于空气质量的影响并不明显，在通风设计中应优先考虑布局要素。其中，合理的风道长宽值是影响城市局部区域空气质量的决定性因素。在未来的基于空气质量优化设计中，可参考当地具体气候条件，通过智能优化算法调用数值模拟过程，在合适的优化目标和约束条件下，确定出适宜该区域通风的最佳风道长宽值，以保证该区域的通风效率，实现对该区域空气质量的优化设计。

6.2.3 基于空气质量优化的钻石城广场设计修正

此案例为设计方案，因此无法进行实测对比研究，模拟方法经过了之前的实验验证，被证明是有效可靠的。

1. 钻石城广场设计要素提取

此案例为城市设计阶段的方案，因此不同于详规，致力于从整体格局上提取设计要素。主要包含以下的内容（表6.11、图6.35）：

（1）环境背景要素。此项目位于我国新疆乌鲁木齐，冬季平均风速为2.5m/s，盛行西北

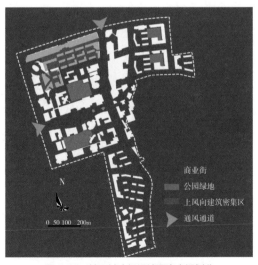

图6.35 钻石城广场设计要素空间划分

准则层	指标层	具体数值或描述
环境背景要素	风速	2.5m/s
	风向	西北风
	粗糙度	周围有鲤鱼山公园大片绿地，局部组团街区绿化、树阵，因此粗糙度取0.03m
布局设计要素	建筑切割	建筑在南北方向上切割较好，东西方向封闭建筑较多
	建筑间距	南北轴线上的建筑有后退
	建筑围合	以两个较大的广场为中心形成了围合，再辅以小街区的局部围合
	建筑错落	南面的建筑错落较多，背面的建筑密集，无错落
	风道设计	1条平行于主导风向的风道 3条垂直于主导风向的风道（风道未完全贯通）
	广场设计	2个比较大的广场，周围有建筑组团间的小广场
开发强度要素	容积率	3.04
	建筑密度	0.4

风，研究区域内有绿化没有水体，粗糙度选择与绿化相关的0.03m。

（2）布局设计要素。整个设计结合旧城更新，因此保留了一部分原来的建筑。设计了东西绿轴，以改善整个区域的环境。新布局的建筑遵循设计原则，布局较为规整，南北方向上的建筑有适当的切割和错落，但是东西方向上条形建筑较多，形成了许多的半封闭空间，不利于通风。

（3）开发强度要素。容积率设定为3.04。建筑密度设定为0.4，透气性设定为0.21。整体开发强度适中。

2. 基于空气质量优化的设计要素修正

参照第5章的研究结果，对钻石城城市设计方案进行优化，以实现在污染源不变的情况下最优的城市空气质量。已知新疆乌鲁木齐市全年平均风速为2.5m/s，冬季风速更低，因此，通过对城市中建筑的合理布局，减少阻挡，增加风道的连续性，可以最大限度地维持风速，尽量让大于1.0m/s的风速均匀分布于室外空间。此外，鉴于乌鲁木齐市冬季气温极低，风速也较低（对于偶然的冬季大风不计入考虑），因此，本优化方案不考虑防风。

相较于对已建成项目的优化，在方案设计阶段的优化可以充分考虑各个优化因素，进行较大的方案修改。本项目的优化内容如下（图6.36）：

（1）沿主导风向加设风道，主要是将北面的建筑进行切割，留有足够的进风口，再将北面的密集建筑重新布局，与中间的广场衔接，在主导风向上加设风道并且串接广场，形成最有效的城市通风方式。

（2）对局部建筑进行切割，以增加透气性，主要是将大体量的建筑群进行分割。

图6.36　钻石城广场修改设计要素示意

（3）对于原方案中保留的细碎建筑进行整合，删除在风道上的阻挡建筑。

（4）依据第五章的研究结论，适当提高容积率有益于局部风速的增大，因此，为了弥补容积率，给部分建筑增加层高，弥补由于留出风道而损失的容积率。

6.2.4　修正后的结果分析与对比

1.结果分析

通过对乌鲁木齐钻石城广场设计方案的修正，得出的风速云图如图6.37所示。整体上看，增加了主导风向上的风道，连通了主导风向上的广场以及对建筑进行了整合、切割、架空中之后，整个乌鲁木齐钻石城广场的低风速区域减少，低风速环境明显下降，在某些区域还可以看出风速明显升高。分布上看，室外风环境分布更为均衡，原来的方案形成了较多的封闭围合小广场，中心的步行街风环境质量差，方案修改之后高风速区域通过步行街延伸进广场，且步行街风环境也有一定程度的改善。方案修改之后对背风区的风环境有所改善。

乌鲁木齐优化设计前后风环境数据见表6.12所列。依据第5章的研究结论对方案进行优化之后临界风速比从原来的90.76%下降到77.07%，平均风速由原来的0.77m/s上升到1.19m/s，最大风速由原来的3.08m/s下降到2.78m/s，如图6.38~图6.39所示。

综上所述，对乌鲁木齐钻石城广场风环境的优化设计是有效的，临界风速比的值下降了10个百分点，城市空气质量有明显的改善。经过方案优化设计之后，钻石城广场高风速区域分布渗入许多围合的小广场，有效改善了人流集中区域的空气质量。因此，在设计过程中，将基于城市空气质量的风环境优化设计纳入其中是以后实现城市环境质量提升的重要手段。

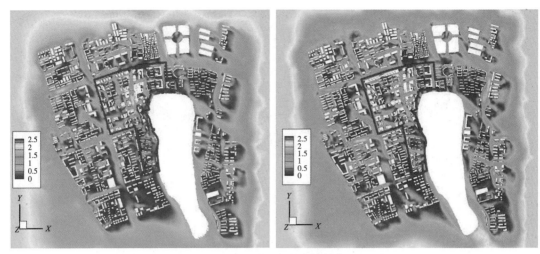

图6.37　方案优化前后云图对比

乌鲁木齐优化设计前后风环境数据　　　　　　　　　　　　　　表6.12

项目编号	临界风速比（%）	平均风速（m/s）	最大风速（m/s）	最小风速（m/s）	输入风速（m/s）
原始方案	90.76	0.77	3.08	0	2.5
优化方案	77.07	1.19	2.78	0	2.5

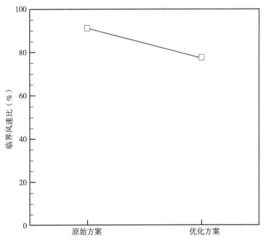

图6.38　钻石城广场方案优化后临界风速比变化

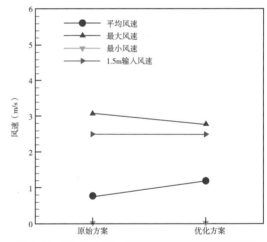

图6.39　钻石城广场方案优化后各项风速数据提取比较

2. 结论启示

对乌鲁木齐市钻石城广场设计方案的环境优化设计，一方面，表明通过设计方案的调整可以有效地改善城市室外通风效果，进而改善城市空气质量，进一步验证了第5章的结论；另一方面，此案例的优化设计是在整个方案实施之前，因此，可以对方案进行较大范围的调整。在未来的城市规划设计中，在兼顾城市用地、功能、美观等因素后，还应该将对城市空气质量的影响纳入综合考虑，依据第五章的结论，选取相应的设计要素进行调整，获得兼具城市经济效应、功能效应以及环境效应的最优城市规划设计。

6.3 数值模拟优化尝试

前面两个案例是基于第五章的研究成果进行的经验优化，这种优化在一定程度上可以改善城市空气质量，但是这种优化对于结果的意义非常有限，它只是对现状做了一定程度的缓解，并没有得出一个最优解。在实际问题上，要实现对某一目标的最优解（本书最优解主要指什么样的设计能实现最佳的通风），就要尝试将智能优化算法引入其中，进行数值模拟优化。本小节是对整个研究的补充尝试，目的在于获得人工智能算法对城市通风效果优化设计的可行性步骤，为下一步的研究奠定基础。

人工智能算法技术比较复杂，且需要大量的计算资源，现阶段在城市规划设计层面上的运用还处于初始阶段。为了简化研究，本书选取的研究对象为简化的建筑模块，且对于可变的变量也仅限定于建筑的位置变化，对于其他更多的要素，需要在未来的研究中建立大型的参数设计库，调用大型计算资源才能进一步深入。

6.3.1 研究对象界定

研究选取的对象为4个标准多层建筑构成的几何模块（图6.40、图6.41）。每一个建筑物的长宽高为12m×10m×18m，表征一般性的多层建筑。在研究场地的左侧设置持续释放污染物的污染源，污染物质量分数为1，进口风速设置为3m/s，风向垂直于污染源，优化目标的监测点选在场地的几何中心，坐标（0，0）点（表6.13）。设计变量包括每一栋建筑的位置（x，y）和旋转角度（±90°）内。

选择上述数学模型作为研究对象主要基于以下两点考虑：①研究的可实现性。将粒子群

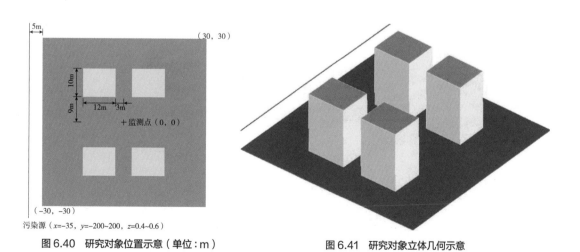

图6.40 研究对象位置示意（单位：m）　　图6.41 研究对象立体几何示意

优化算法（PSO）搭载 CFD 数值模拟在城市规划领域的应用处于摸索阶段，为了更好地实现优化任务，选择最简单的建筑布局模式，先进行单目标的优化，为这种方法在以后多目标复杂环境下的应用奠定基础。②研究的代表性。选择的优化对象不是缩比模型，而是真实的具有代表性的板式建筑，污染源也与真实的主干道向周围扩散污染物的情况一致，此种几何布局代表了最典型的一种城市小区布局模式，对它的研究具有代表性。

研究对象参数设置 表6.13

参数类型	设置值
研究区域面积（m²）	60m×60m
单体建筑长宽高（m）	12m×10m×18m
污染源	距离场地边界5m，质量分数为1 具体坐标（x=-35m，y=-200m~200m，z=0.4m~0.6m）
进口风速（m/s）	3m/s
监测点	场地几何中心，具体坐标（0，0）
设计变量	建筑物的位置（x、y坐标及 ±90° 内旋转）

6.3.2 CFD 结合粒子群优化算法

1. 计算网格

计算网格为结构网格嵌套的非结构网格（图 6.42、图 6.43），外围的计算域为结构网格，里面的建筑为非结构网格，外围的结构网格是恒定不变的，里面的非结构网格随着设计变量的变化而自动调整。由 ANSYS ICEM CFD 生成，通过结构分块函数将计算区域离散为六面体单元。通过在建筑物表面和地面等固体表面边界附近生成 O 网格，得到分辨率更高的壁面密网格。两个连续网格单元之间的体积比不高于 1.2，物面第一个网格单元高度设置为 1mm。

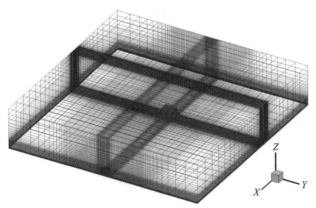

图6.42 模型计算网格示意

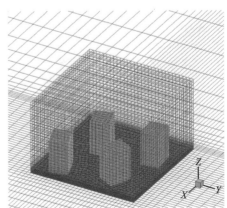

图6.43 模型计算网格放大示意

2. 粒子群优化算法

优秀的优化算法应该具备较好的稳定性、全局性和高效性。粒子群优化算法是一种模仿生物行为的全局寻优算法，其基本思想来自鸟群（或鱼群）的觅食过程，种群中的每只鸟根据自身记忆以及种群中其他鸟提供的信息寻找食物。PSO 模仿这一过程，种群中的每个粒子根据自身信息与其他粒子的反馈更新粒子在解空间的位置，最终找到全局最优解。

首先，采用随机初始化方法对粒子的位置 x 和速度 v 进行初始化：

$$x_i^0 = x_{min} + r_1 \left(x_{max} - x_{min} \right) \tag{6.1}$$

$$v_i^0 = \frac{x_{min} + r_2 \left(x_{max} - x_{min} \right)}{\Delta t} \tag{6.2}$$

其中，r_1 和 r_2 为分布于 [0，1] 之间的随机数，x_{min} 和 x_{max} 分别表示设计变量的上限和下限。

然后，通过下式对粒子位置进行更新：

$$x_i^{k+1} = x_i^k + v_i^{k+1} \Delta t \tag{6.3}$$

这里 x_i^{k+1} 表示 $k+1$ 个迭代步下的第 i 个粒子的位置，v_i^{k+1} 为该粒子对应的速度，Δt 为时间步长，一般可取为 1。

速度的计算方法是 PSO 算法的核心，本书采用 Shi 和 Eberhart 的方法：

$$v_i^{k+1} = w v_i^k + c_1 r_1 \frac{\left(p_i - x_i^k \right)}{\Delta t} + c_2 r_2 \frac{\left(p_g^k - x_i^k \right)}{\Delta t} \tag{6.4}$$

其中，w 为粒子的惯性参数，c_1 和 c_2 为表征信赖度的参数。信赖度参数 c_1 表示对自身的信赖程度，c_2 表示对种群的信赖程度，本书取 $c_1=c_2=2$。

对于不满足约束的粒子，其下一代速度的计算方法为：

$$v_i^{k+1} = c_1 r_1 \frac{\left(p_i - x_i^k \right)}{\Delta t} + c_2 r_2 \frac{\left(p_g^k - x_i^k \right)}{\Delta t} \tag{6.5}$$

上式说明，不满足约束的原因主要是产生这个粒子的速度 v_i^k 不合理，所以将该项去掉，只保留两种最优粒子的信息。经验证，由式 6.5 得到的速度在绝大多数情况下都能将粒子更新在合理的设计空间内。

6.3.3 结果

1. 优化设计过程

以粒子群优化算法为基础，加入 CFD 数值模拟模块，得到城市建筑健康布局设计流程如图 6.44 所示。首先，确定设计变量及其变化范围，每栋建筑可以在各自 30m×30m 的区域内纵向、横向平移和绕中心轴旋转，假设建筑物长宽高不变，则每栋建筑有 3 个设计变量，4 栋建筑一共 12 个设计变量，为了避免旋转时建筑之间没有足够的间隙，设定建筑物只在距离边界 2m 内的 26m×26m 的区域内平移，旋转角度范围则设置为 -90°~90°。通过初始建筑、设计

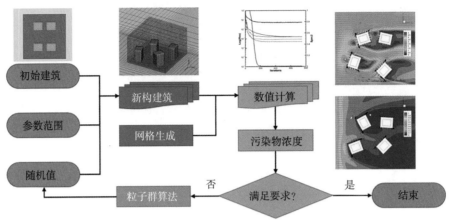

图6.44　优化设计流程

参数范围和优化算法给出的随机值即可得到新的建筑构型。然后，自动生成建筑物周围的非结构网格，搭接到已准备好的外场结构网格即可得到整个计算域的混合网格，在此基础上开展 CFD 数值计算，计算收敛后获得该建筑构型监测点处的污染物质量分数。对于 12 个设计变量，每一代优化设置 10 个样本点（图 6.45）。在计算资源有限的个人电脑上，通过串行计算获得每个样本点的污染物质量分数。这些值自动与已知的最小值比较，如果满足要求，则停止计算，如果不满足则根据粒子群优化算法获得新的随机值，进行再一次的计算，直到获得理想值结果或推进到一定步数后结束优化流程。

2. 优化设计结果

本书对建筑的布局进行了最优空气质量的优化设计，经过大量的计算结果比较，初始方案浓度分布如图 6.46 所示。提取中心监测点的数据，初始的方案中心点污染物质量分数为0.08609，优化之后的方案布局中心点污染物质量分数为 0.00230。可见优化方案完成了优化目标，大幅度降低了监测点的空气污染物浓度。

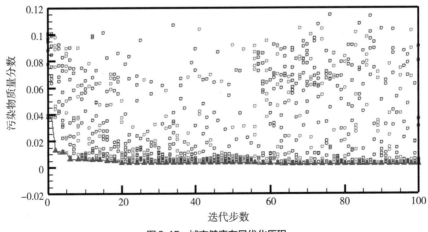

图6.45　城市健康布局优化历程

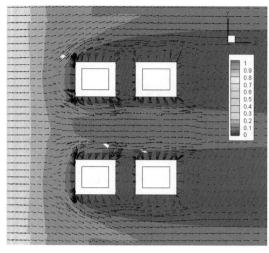

（a）初始建筑布局

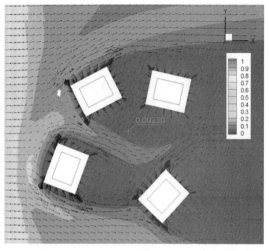

（b）优化后建筑布局

图6.46　优化前后建筑布局对比

比较优化前后的方案布局，可以看出，单纯的行列式布局并非城市室外空气质量最优的布局模式，建筑物适当的错落偏转将有益于城市室外空气中污染物的传输扩散。具体的有益于城市室外空气质量的布局模式有以下特征：①在污染物进口的方向，即主导风向的来流风向应布局喇叭状的建筑围合模式，这样在让污染物快速进入的同时会增加污染物传输的速度。②在污染物出口位置即主导风向下风向位置适当扩大开口，会有益于污染物的扩散。

研究表明了在同样的气候条件下，改变设计布局便可以实现对局地微环境的改善。这为将健康纳入城市设计奠定了基础。

研究将粒子群优化算法结合 CFD 数值模拟应用于城市，提供了一种全新的方法尝试，证明了将此种方法运用于城市小尺度的可能，虽然囿于计算资源的限制，模型选取的是非常简单的建筑布局，优化目标也是单纯地选择了场地中的一个监测点，但是此研究却证明了进行智能城市设计的可行性。

在未来的研究中，借助于大型的计算资源，可以进行多目标的城市优化设计。只需要预先设定目标参数、各目标参数权重，计算机将自动选择最优的城市布局模式，为城市规划设计者提供科学的方案参考与设计建议。

6.4　本章小结

本章是对前面研究内容的总结与运用，也是对第 5 章结论的验证。在分析了设计要素、空气质量以及风环境之间的关系之后，将主要影响空气质量的设计要素风道设计以及广场设计运用于实际案例之中，对其进行优化设计。在研究之初，为了保证数值模拟结果的准确性，对三峡广场进行了全面的布点实测，通过实测证实了三峡广场环境污染的严重性以及仿真模拟方法的可靠性。结果表明：

（1）依据第 5 章的研究结论对实际案例进行优化设计是有效的，通过设计要素的改变，通风效率得到了有效的提升。

（2）在基于优化空气质量的方案布局改变中还要兼顾设计的现实应用。

（3）研究总结了一整套优化城市空气质量的方法。首先，依据模型参数选取并分析现实方案中的各个设计要素，参照第 5 章的研究结论，结合具体的案例类别，对设计方案进行修改；然后，将修改的方案与之前的方案对比研究，以实现对空气质量的优化。对于较为复杂的案例，基于经验修改设计要素可能需要进行多轮，多次反复计算，最终实现最优化设计。

（4）设计参数的修改，对于已经建成的方案以及待建的方案要区别对待。对于已经建成的方案，尽量通过局部细节修改，为未来城市更新做指引；对于还未建成的蓝图式设计，则需要从整体上进行考虑，甚至兼顾周边环境要素。

（5）尝试将智能优化算法结合 CFD 方法运用于简化的小区级建筑布局最优化设计中，这是将人工智能的思想结合"健康"的概念融入城市规划设计中，是一种创新尝试，为未来真正实现人工智能辅助城市设计奠定了基础。

7 总结与展望

本书对城市设计要素、风环境以及空气质量的相关性进行了较为全面的研究。通过数值模拟和实地测量，确定了风环境对城市空气质量影响的临界值域，建立了基于优化空气质量的城市设计要素系统，明确了各设计要素与城市空气质量的关联关系，计算了各要素与城市空气质量之间的相关性系数，在此基础上，对城市实际设计项目进行了优化总结，验证了研究的实践性意义。下面对本书完成的工作和创新性贡献进行简要的总结与分析，并做出进一步的研究展望。

7.1 研究结论及主要创新点

7.1.1 研究结论

基于设计要素对城市空气质量的改善在近年来有了许多创新性的发展，将气候学、环境科学以及计算流体力学相互融合，运用于城市局部环境质量的模拟、预测，在有效改善城市气候环境上获得了长足的进步，如城市热岛效应、城市内涝、城市污染方面的研究都进入了一个新的阶段。本书重点研究通过城市设计要素的改变改善城市风环境从而实现城市空气质量的优化，主要完成了以下几方面的工作：

（1）梳理了城市气候与城市设计相关性研究的发展脉络。气候适应性设计由来已久，然而在近年城市高速发展的进程中对适应气候的忽视造成了许多的城市气候问题，城市环境恶化，疾病流行，面对严峻的形势，规划师们开始反思设计，重新将着眼点集中在运用设计手段改善城市气候环境上。已有的研究注重对城市气候问题的描述与发现，给出的研究结论大部分都是通过纲领性的政策指导建议实现城市环境质量的优化，缺少定量的研究，也缺乏从更细致的设计要素层面去探讨其与城市环境问题的内在关联，没有具体的改善方法和实施步骤。本书尝试弥补这一缺失，从设计要素着手，以风环境为媒介，探究其与空气质量的关联。

（2）完善了计算流体力学方法在城市环境中的应用。包括：比较了结构性网格和非结构性网格的优劣，选择了适用于城市环境计算的网格模式，对边界条件、计算方法，以及网格量的疏密、分辨率都进行了相应的调整，使其在运用于城市环境这种大体量的环境计算时具有合适的精度和计算效率。本书将计算流体力学应用于城市模型的模拟结果与实验数据进行了对比，拟合状态良好，证明了这个方法科学有效。

（3）界定了能有效改善空气质量的临界风速值域。本书基于风速对城市空气中污染物稀释扩散的有效性来定义临界风速值域，通过建立风速、污染物浓度以及时间的关联关系模型，经过大量的模拟计算，得出了在一定时间内能有效稀释空气中污染物的临界风速值域，最后将其转化为人行高度（1.5m）的判定风速，确定为 1.0m/s，即当风速大于 1.0m/s 时，空气中的污染物将在风的搬运作用下有效扩散，城市通风效果良好，反之，当风速小于 1.0m/s 时，污染物将滞留于城市空气中，形成空气滞留区，此时，城市通风性变差，空气中污染物浓度较高，污染天气形成。临界风速值域的确定，为研究城市设计要素对空气质量的影响奠定了基础，成为通过风环境判定空气流通效率进而评估局地区域空气质量的前提。

（4）对城市设计要素与城市空气质量的关联性进行了研究。本书为了更直观地表达这种关系，将城市空气质量的好坏用临界风速比的高低进行判断。首先，建立了基于城市空气质量优化的城市设计要素系统，要素系统的大类包括开发强度系统、布局设计要素系统以及自然环境要素系统，将系统中的每一个要素进行变换，基于计算流体力学仿真模拟，寻找其在相同的外部风速条件下对内部环境的影响，统计出每个方案的临界风速比，比较其趋势；其次，通过多元线性回归方法，计算出各要素指标与临界风速比的相关性系数；最后，依据相关性系数绝对值大小，得出各要素对优化空气质量的影响关联性排序。结果显示，环境背景要素中的风速与风向是影响空气质量的决定性因素，但是在实际的规划设计中，来流风速是恒定的，因此应着重考虑设计布局与风向的关系，设计布局与主导风向保持一定的夹角对于缓解城市通风具有重要意义。开发强度要素中的空气质量与建筑密度呈现负相关，与容积率呈现微弱的正相关，因此，在设计中控制建筑密度，适当提高容积率将有益于通风。布局设计要素中的建筑围合、风道设计以及广场布局都对空气质量有重要影响，在来流风向的上风向布置广场，适当地增加风道宽度以及保持建筑围合将有益于城市通风，增强城市风场扩散污染物的能力。

（5）将设计要素与城市空气质量的关联性结论运用于具体的城市设计项目中，比较其优化结果，验证结论的准确性。具体包括，对优化项目进行具体的空气质量与风速实测，将实测数据与模拟数据进行比较，证明选取模拟计算方法的合理性，参照第5章的结论，对实际案例进行城市规划设计要素系统提取，并在此基础上，对具体的设计要素进行修改优化，再进行模拟对比计算，结果显示在基于第5章结论的基础上对城市设计要素的局部修改能有效降低临界风速比，实现城市空气质量的优化。

（6）为了弥补经验优化的不足，在本书第6.3节将人工智能优化算法引入城市通风优化设计中，对4栋标准的多层建筑模型进行了数值优化尝试。

7.1.2　研究主要创新点

研究通过建立一套简易的城市微环境空气质量评价方法，确定了快速判定局部空气质量的标准，在此基础上将城市规划设计要素与城市空气质量相关联，得出具体的关联强弱系数，并给出优化性建议，但是真正实现城市设计改善城市环境的目的还有较多的困难，本书只囊括了其中一小部分，主要做出了以下几方面创新性贡献：

（1）界定了能有效稀释扩散空气中污染物的临界风速，即1.0m/s。当风速低于此值域时，空气流通效率差，容易形成空气污染。临界风环境不再只是风力大小的一种判定，而是城市空气质量是否能有效改善的表征。在此基础上提出了临界风速比，即某一区域，1.5m高度低于临界风速的区域面积占基底面积的比例。临界风速比的提出，将风环境与空气质量直接关联，借助于风速云图就能快速地对城市某一区域空气质量的整体优劣以及具体空间分布做出判断，以此指引人们选择健康的室外活动场所。

（2）尽可能地囊括了城市规划设计的各要素，建立了基于城市空气质量优化的城市设计参数系统。研究不再拘泥于一个设计要素或者几个设计要素，而是参考既有的研究成果以及城市规划设计规范，尽可能遴选完整的影响城市空气质量的规划设计要素指标，建立标准计算样本，通过计算各参数指标与城市空气质量的相关性系数，获得各要素指标对城市空气质量影响的强弱排序，明确指出各要素的正负相关性。此部分的研究从城市规划设计整体上探讨其对城市通风效果的规律性影响，为下一步基于设计对城市空气质量进行优化提供了建议性指南。

（3）对于城市中具体的设计案例进行了实际的风速与污染物测量，并将其与数值模拟结果进行了对比，证实了计算流体力学在真实的城市设计方案中运用的有效性。因为城市的庞大体量，很难通过风洞试验获取实验数据拟合模拟方法，因此，过往的研究只考虑单体建筑实验与模拟数据的吻合，本书的实测弥补了这一缺陷，为计算流体力学在城市环境中运用的可靠性提供了支撑。

（4）将城市设计要素对城市空气质量影响的结论运用于实际案例中，对其进行优化设计。之前的研究因为没有建立城市设计要素系统，对于具体案例中空气质量的优化仅仅靠设计师的经验进行尝试修正，这样不但效率低下，且结果也不够准确，本书对于实际案例的优化，是在基于城市设计要素与城市空气质量影响关联的强弱排序基础上进行，直接选取其主要的优化设计要素进行修改，快速地得出了优化方案，将方案与之前的原始方案对比，临界风速比有效下降，空气质量得到改善。

（5）研究对基于空气质量最佳的数值模拟优化进行了尝试，这是进行智能城市设计的重要步骤，为将人工智能引入未来的城市规划奠定了基础，为设计人员能更准确地对方案进行判定修正提供了更科学、客观的支撑手段。

7.2 研究不足及展望

7.2.1 研究不足

研究尝试将城市空气质量通过风速这一标准进行量化表征，这是为了能借助于风速云图实现对城市微环境空气质量空间和时间上连续性的评估与优化，而不再囿于只能用定点的空气质量监测点的数据来对区域空气质量进行代表性的显示。但是研究存在以下几点不足：

（1）研究仅考虑了风对于空气质量的影响，没有将另一重要因素降水纳入其中，众所周知，降水对于大气中污染物的沉降和清洗具有重要作用，关于降水强度与空气质量的量化关系还没有明晰，这是未来研究的着眼点。

（2）为了简化研究内容，只对风分量中的风速进行了研究，虽然瞬时风向对空气质量也有重要影响，但如果考虑瞬时风向会很难得出规律性的结论，因此本书选取的风向是主导风向，这在一定程度上降低了研究的准确性。

（3）研究选取的基于空气质量优化的设计参数系统并不完整，特别是关于布局设计要素板块，对于大部分的布局设计仅考虑了布局要素相较于原始方案的变化，没有对布局要素变化的具体特征值进行规律性的设计，这在一定程度上影响了结果的准确性。

7.2.2 研究展望

在未来的研究中，关于城市设计要素对城市气候关系的研究会得到更加广泛的关注，并且基于相关支撑技术的成熟，对于城市设计要素优化城市空气质量的研究将更加准确明晰。从国内外的研究文献和本书的研究工作来看，对于城市设计要素与城市空气质量的研究未来还需开展大量的研究工作。本书后续的研究工作可从以下几方面展开：

（1）开展对基于城市空气质量的设计要素系统更精确的研究。本书对于城市要素系统的研究，特别是布局要素，仅从布局要素的有无对空气质量的影响进行了判断，未来的研究还可以深入到将布局要素具体参数化，如风道宽窄、广场大小、建筑错落的尺度以及建筑围合空间的大小等方面进行深入细致的研究。真正建立基于城市空气质量优化的详细准确的参数系统，对每一个指标值域都给出详细的判定参数。

（2）扩展到较大尺度对城市空气质量的整体控制。结合城市总体规划，在用地之初就将对城市空气质量的优化纳入城市规划设计考虑之中，避免城市污染源的随意选点布局，将自然环境系统纳入城市空气质量优化手段之中。自然环境系统对城市空气质量的影响对于小尺度的城市空间而言比较微弱，未来扩展到更大的城市空间，对它的研究需要更深入细致。

（3）发展一整套基于城市空气质量优化的设计方法。从整体到局部，对于未来方案的优化，可以分区、分步骤地反复尝试，直到找到空气质量与城市规划设计的最佳平衡点。

参考文献

[1] 曹海燕，陈映全，柳蓉，等 . 2008~2017 年间乌鲁木齐市的气候变化状况 [J]. 环境保护前沿，2019，9（3）: 268-276.

[2] 程雪玲，胡非 . 影响街区峡谷浓度扩散的因素 [J]. 城市环境与城市生态，2004，17（2）: 39-41.

[3] 程雪玲 . 大气边界层内湍流扩散的数值模拟 [R]. 清华大学，2003.

[4] 重庆市生态环境局 . 2019 年 12 月和 1—12 月重庆市及各区县空气质量状况 [EB/OL].（2020-01-16）[2020-02-08]. https://sthjj.cq.gov.cn/hjzl_249/dqhjzl/kqzlpm/202003/t20200331_6858990_wap.html.

[5] 丁一汇，任国玉，石广玉，等 . 气候变化国家评估报告（Ⅰ）: 中国气候变化的历史和未来趋势 [J]. 气候变化研究进展，2006（1）: 3-8，50.

[6] 董芦笛，李孟柯，樊亚妮 . 基于"生物气候场效应"的城市户外生活空间气候适应性设计方法 [J]. 中国园林，2014（12）: 23-26.

[7] 符松，王亮 . 湍流转捩模式研究进展 [J]. 力学进展，2007，37（3）: 409-416.

[8] 傅晓英，刘俊，许剑峰，等 . 计算流体力学在城市规划中的应用研究 [J]. 四川大学学报: 工程科学版，2002，34（6）: 36-39.

[9] 龚兆先，吴薇 . 改善城市热气候的规划与设计措施 [J]. 规划师，2005，21（8）: 74-77.

[10] 顾兆林，张云伟 . 城市与建筑风环境的大涡模拟方法及其应用 [M]. 北京: 科学出版社，2014.

[11] 韩冰，李昊，贾杨 . 结合气候生态的城市设计研究框架与方法初探: 以泰安市泰山大街城市设计为例 [J]. 建筑与文化，2015（1）: 70-73.

[12] 韩冬青，顾震弘，吴国栋 . 以空间形态为核心的公共建筑气候适应性设计方法研究 [J]. 建筑学报，2019（4）: 78-84.

[13] 韩忠华，乔志德，熊俊涛，等 . Navier-Stokes 方程预处理方法及其对翼型绕流数值模拟的应用 [J]. 西北工业大学学报，2006，24（3）: 275-280.

[14] 韩忠华，宋文萍，乔志德 . 一种隐式预处理方法及其在定常和非定常流动数值模拟中的应用 [J]. 计算物理，2009，26（5）: 679-684.

[15] 黄丽坤，王广智 . 城市大气颗粒物组分及污染 [M]. 北京: 化学工业出版社，2015.

[16] 黄永念 . 周培源湍流统计理论的新发展 [J]. 北京大学学报：自然科学版，1998（2）：151-158.

[17] 贾倍思，刘思贝，吴隽洋 . 空气质量与住区形态特征的相关性研究简介 [J]. 西部人居环境学刊，2020，35（6）：7-15.

[18] 贾晓丹 . 西安、宝鸡人口城市化与 PREE 协调发展研究 [D]. 西安：陕西师范大学，2007：34-35.

[19] 蒋维楣，孙鉴泞，曹文俊，等 . 空气污染气象学教程 [M]. 第 2 版 . 北京：气象出版社，2004.

[20] 金锋淑，朱京海，张树东 . 雾霾与城市规划：后雾霾时代城市规划的思考与探索 [C]// 城市时代，协同规划：中国城市规划年会论文集，2013：1-10.

[21] 金颖，周伟国，阮应君 . 烟气扩散的 CFD 数值模拟 [J]. 安全与环境学报，2002，2（1）：21-23.

[22] 冷红，郭恩章，袁青 . 气候城市设计对策研究 [J]. 城市规划，2003（9）：49-54.

[23] 冷红，袁青 . 城市微气候环境控制及优化的国际经验及启示 [J]. 国际城市规划，2014，29（6）：114-119.

[24] 冷红 . 城市空间与气候适应性设计 [J]. 城市建筑，2017（1）：3-5.

[25] 李鹍，余庄 . 基于气候调节的城市通风道探析 [J]. 自然资源学报，2006，21（6）：991-997.

[26] 李磊，胡非，程雪玲 . Fluent 在城市街区大气环境问题中的一个应用 [J]. 中国科学院研究生院学报，2004，21（4）：476-480.

[27] 李磊，张立杰，张宁，等 . FLUENT 在复杂地形风场精细模拟中的应用研究 [J]. 高原气象，2010，29（3）：621-628.

[28] 李长虹，舒平，张敏 . 浅谈干栏式建筑在民居中的传承与发展 [J]. 天津城建大学学报，2007，13（2）：83-87.

[29] 李子华 . 中国近 40 年来雾的研究 [J]. 气象学报，2001，59（5）：616-624.

[30] 刘滨谊，司润泽 . 基于数据实测与 CFD 模拟的住区风环境景观适应性策略：以同济大学彰武路宿舍区为例 [J]. 中国园林，2018，34（2）：24-28.

[31] 刘滨谊，张德顺，张琳，等 . 上海城市开敞空间小气候适应性设计基础调查研究 [J]. 中国园林，2014（12）：17-22.

[32] 刘刚，盛国英，傅家谟，等 . 茂名市大气中挥发性有机会研究 [J]. 环境科学研究，2000，4（7）：10-13.

[33] 刘姝宇，沈济黄 . 基于局地环流的城市通风道规划方法：以德国斯图加特市为例 [J]. 浙江大学学报：工学版，2010（10）：1985-1991.

[34] 刘淑丽，卢军，陈静 . 将城市热岛效应分析融入 GIS 中应用于城市规划 [J]. 测绘信息与工程，2003，28（4）：48-50.

[35] 刘小宁，张洪政，李庆祥，等 . 我国大雾的气候特征及变化和初步解释 [J]. 应用气象学报，2005，16（2）：220-230.

[36] 龙彬 . 中国古代城市建设传统精髓钩沉 [J]. 城市规划汇刊，1998（6）：42-45，15.

[37] 鲁渊平，杜继稳 . 气候变化与城市发展对城市气象灾害的影响及对策：以西安市为例 [J]. 灾害学，

2008，23（S0）：7–10.

[38] 骆高远.城市"屋顶花园"对城市气候影响方法研究[J].长江流域资源与环境，2001，10（4）：373–379.

[39] 马剑，程国标，毛亚郎.基于CFD技术的群体建筑风环境研究[J].浙江工业大学学报，2007，35（3）：351–354.

[40] 冒亚龙，何镜堂.遵循气候的生态城市节能设计[J].城市问题，2010（6）：44–49.

[41] 莫尚剑，沈守云，廖秋林.基于WRF模式的长株潭城市群绿心通风廊道规划策略研究[J].中国园林，2021，37（1）：80–84.

[42] 潘峰，陈杰，甘明刚，等.粒子群优化算法模型分析[J].自动化学报，2006，32（3）：368–377.

[43] 普宗朝，张山清，李景林，等.近48年新疆乌–昌地区气候变化[J].干旱区研究，2010，27（3）：422–432.

[44] 钱维宏.全球气候系统[M].北京：北京大学出版社，2009.

[45] 任超，吴恩融，叶颂文，等.高密度城市气候空间规划与设计：香港空气流通评估实践与经验[J].城市建筑，2017（1）：20–23.

[46] 任建国，鲁顺清.气体扩散数学模型在安全评价方面的应用[J].中国安全科学学报，2006（3）：12.

[47] 盛裴轩，毛节泰，李建国，等.大气物理学[M].第2版.北京：北京大学出版社，2013.

[48] 盛永财，孜比布拉·司马义，王英鹏，等.乌鲁木齐市空气污染时空分布特征及其与气象因素相关分析[J].地球环境学报，2018，9（4）：323–333.

[49] 史军，梁萍，万齐林，等.城市气候效应研究进展[J].热带气象学报，2011，27（6）：942–951.

[50] 宋德萱，魏瑞涵.气候适应性城市设计途径研究[M].北京：新华出版社，2015.

[51] 田银生.自然环境：中国古代城市选址的首重因素[J].城市规划汇刊，1999（4）：28–29，13.

[52] 童新华，韩振锋，韦燕飞.基于Lansat8卫星影像的南宁市热岛效应研究[J].大众科技，2017，19（4）：27–29.

[53] 王洪星.规划与设计中城市气候问题探讨[J].建材与装饰，2014（37）：24–25.

[54] 王明星.大气化学[M].北京：气象出版社出版，1991.

[55] 王祥荣，谢玉静，孙峥.气候变化与韧性城市发展对策研究[J].上海城市规划，2016（1）：26–31.

[56] 王衍明.大气物理学[M].青岛：青岛海洋大学出版社，1993.

[57] 魏杰，宋宇，蔡旭晖.复杂地形大气污染物传输和扩散的高分辨率模拟[J].北京大学学报：自然科学版，2008，44（6）：938–944.

[58] 吴兑，邓雪娇.环境气象学与特种环境预报[M].北京：气象出版社，2011.

[59] 吴兑，吴晓京，朱小祥.雾和霾[M].北京：气象出版社，2009.

[60] 吴彦，王旭，黄成荣.乌鲁木齐市区低空风特征及其对空气污染的影响[J].沙漠绿洲气象，2007，1（1）：39–41.

[61] 香港中文大学.空气流通评估方法可行性研究[R].2006.

[62] 徐挺.相似理论与模型试验[M].北京：中国农业机械出版社，1982.

[63] 许绍祖.大气物理学基础[M].北京：气象出版社出版，1993.

[64] 闫利.兰西地区城镇发展与PREE整体演化的动态预测模型[D].西安：西北大学，2010.

[65] 杨静，李霞，李秦，等.乌鲁木齐近30a大气稳定度和混合层高度变化特征及与空气污染的关系[J].干旱区地理，2011，34（5）：747-752.

[66] 伊玛德.阿拉伯干热地区地域性气候与地域传统建筑形式研究[J].华中建筑，2006（10）：188-193.

[67] 应小宇，朱炜，外尾一则.高层建筑群平面布局类型对室外风环境影响的对比研究[J].地理科学，2013（9）：1097-1103.

[68] 余庄，张辉.城市规划CFD模拟设计的数字化研究[J].城市规划，2007，31（6）：53-56.

[69] 俞英.街道轮廓形态与风环境相关因素关系研究[D].南京：南京大学，2013.

[70] 袁超.缓解高密度城市热岛效应规划方法的探讨：以香港城市为例[J].建筑学报，2010（S1）：120-123.

[71] 曾嵘，魏一鸣，范英，等.人口、资源、环境与经济协调发展系统分析[J].系统工程理论与实践，2000（12）：1-6.

[72] 曾旭东，石理平.重庆市三峡广场空间解析[J].NEW ARCHITECTURE，2008，3：131-134.

[73] 张霭琛，等.东莞地区大气边界层结构：七五攻关课题乡镇企业密集地区东莞市大气环境容量和规划研究第3，4子课题[R].1990.

[74] 张德良.计算流体力学教程[M].北京：高等教育出版社，2010.

[75] 张富国，姚华栋，张华林，等.北京城区的"雨岛""湿岛"与"干岛"特征分析[J].气象，1987，17（2）：44-46.

[76] 张泓，李钢.新疆喀什传统城市聚落景观分析[J].室内设计，2003（3）：38-44.

[77] 张沛，黄清明，田姗姗，等.城市风道研究的现状评析及发展趋势[J].城市发展研究，2016，23（10）：79-84.

[78] 张蔚文，何良将.应对气候变化的城市规划与设计：前沿及对中国的启示[J].城市规划，2009（9）：38-43.

[79] 张兴山，严乐漪，郑海春.污染源调查与评价[J].海洋通报，1991（2）：13-22.

[80] 中国大百科全书总编辑委员会.中国大百科全书（大气科学，海洋科学，水文科学卷）[M].北京：中国大百科全书出版社，1987.

[81] 中国气象局.2016年中国气候公报[R].北京：气象出版社，2017.

[82] 中国气象局.2017年中国气候公报[R].北京：气象出版社，2018.

[83] 中国气象局.2018年中国气候公报[R].北京：气象出版社，2019.

[84] 中国气象局.2019年中国气候公报[R].北京：气象出版社，2020.

[85] 中国气象局.重庆市沙坪坝天气预报[EB/OL].(2020-02-05) [2020-02-05]. http://www.weather.com.cn/weather1d /101043800.shtml // China Meterological Administration. Weather forecast of Shapingba in

Chongqing. [EB/OL]. (2020–02–05) [2020–02–05]. http:// sthjj.cq.gov.cn/hjzl/kqhjzl/kqzlpm/68067.shtml.

[86]　周浩，杨宝钢，程炳岩 . 重庆近 46 年气候变化特征分析 [J]. 中国农业气象，2008，29（1）：23–27.

[87]　周淑贞 . 上海城市气候中的"五岛"效应 [J]. 中国科学：B 辑，1988（11）：1226–1234.

[88]　周雪帆，陈宏，管毓刚 . 城市通风道规划设计方法研究：以贵阳市为例 [J]. 西部人居环境学刊，
　　　2015，30（6）：13–18.

[89]　朱明明 . 城市尺度提升垂直和水平向紧凑度的气候变化适应性策略与情景评估：以柏林为例 [J]. 城
　　　市规划学刊，2019（1）：125.

[90]　格劳，高枫，孙峥 . 气候适应型城市区域设计 [J]. 中国园林，2014，30（2）：67–72.

[91]　安德森 . 空气动力学基础 [M]. 第 5 版 双语教学译注版 . 杨永，宋文萍，张正科，等，译注 . 北京：
　　　航空工业出版社，2014.

[92]　阿尔伯蒂 . 建筑论：阿尔伯蒂建筑十书 [M]. 中国建筑工业出版社，2010.

[93]　日本建筑学会 . 建筑风荷载流体计算指南 [M]. 孙瑛，译 . 北京：中国建筑工业出版社，2010.

[94]　尤因，巴塞洛缪，温克尔曼，等 . 清凉增长：城市发展与气候变化的证据 [J]. 刘志林，译 . 国际城
　　　市规划，2013，28（2）：12–18.

[95]　American Planning Association（APA）. Policy guide on planning & climate change[EB/OL]. April 2011，
　　　http：//www.planning.org/policy/guides/pd/climatechange.

[96]　ANON. Local leaders leverage climate adaptation and urban resilience[EB/OL]. 2011. http：//resilient–cities.
　　　iclei.org/bonn2011/mayors–adaptationforum/.

[97]　ANTONIOU N，MONTAZERI H，WIGÖ H，et al. CFD and wind–tunnel analysis of outdoor ventilation in a
　　　real compact heterogeneous urban area：evaluation using "air delay" [J]. Building and Environment，2017，
　　　126：355–372.

[98]　ASHIE Y，KONO T. Urban–scale CFD analysis in support of a climate–sensitive design for the Tokyo Bay
　　　area[J]. International Journal of Climatology，2011，31（2）：174–188.

[99]　AZIZI M M，JAVANMARDI K. The effects of urban block forms on the patterns of wind and natural
　　　ventilation[J]. Procedia Engineering，2017，180：541–549.

[100]　BADAS M G，FERRARI S，GARAU M，et al. On the effect of gable roof on natural ventilation in two–
　　　dimensional urban canyons[J]. Journal of Wind Engineering and Industrial Aerodynamics，2017，162：24–34.

[101]　BLAKELY E J. Urban planning for climate change[R]. Lincoln Institute of Land Policy，2007.

[102]　BLOCKEN B，JANSSEN WD，HOOFF T. CFD simulation for pedestrian wind comfort and wind safety
　　　in urban areas：general decision framework and case study for the Eindhoven University campus[J].
　　　Environmental Modelling & Software，2012，30：15–34.

[103]　BLOCKEN B，STATHOPOULOS T，VAN BEECK J P A J. Pedestrian–level wind conditions around
　　　buildings：review of wind–tunnel and CFD techniques and their accuracy for wind comfort assessment[J].
　　　Building Energy Efficiency，2016，100：50–81.

[104] BLOCKEN B. 50 years of computational wind engineering: past, present and future[J]. Journal of Wind Engineering and Industrial Aerodynamics, 2014, 129: 69–102.

[105] BRADLEY E F. A micrometeorological study of velocity profiles and surface drag in the region modified by a change of surface roughness[J]. Quarterly Journal of the Royal Meteorological Society, 1968, 94（401）: 361–379.

[106] BRITTER R E, HANNA S R. Flow and dispersion in urban areas[J]. Annual Review of Fluid Mechanics, 2003, 35（1）: 469–496.

[107] BUCCOLIERI R, SANDBERG M, SABATINO D S. City breathability and its link to pollutant concentration distribution within urban-like geometries[J]. Atmospheric Environment, 2010, 44（15）: 1894–1903.

[108] CAMMELLI S, WONG B. Urban ventilation design for megacities: Hong Kong and beyond[J]. Civil Engineering, 2016, 169（6）: 35–40.

[109] CHANG C H, MERONEY R N. Numerical and physical of bluff body flow and dispersion in urban street canyons[J]. Journal of Wind Engineering and Industrial Aerodynamics, 2001, 89（14–15）: 1325–1334.

[110] CHENG W C, LIU C, LEUNG D. Computational formulation for the evaluation of street canyon ventilation and pollutant removal performance[J]. Atmospheric Environment, 2008, 42（40）: 9041–9051.

[111] CHATZIDIMITRIOUA A, YANNAS S. Microclimate design for open spaces: ranking urban design effects on pedestrian thermal comfort in summer[J]. Sustainable Cities and Society, 2016, 26: 27–47.

[112] CHEN L, HANG J, SANDBERG M, et al. The impacts of building height variations and building packing densities on flow adjustment and city breathability in idealized urban models[J]. Building & Environment, 2017, 118（1）: 344–361.

[113] CHEN Q Y, XU W R. A zero-equation turbulence model for indoor airflow simulation[J]. Energy and Building, 1998, 28（2）: 137–144.

[114] CUI P Y, LI Z, TAO W Q. Buoyancy flows and pollutant dispersion through different scale urban areas: CFD simulations and wind-tunnel measurements[J]. Building and Environment, 2016, 104（8）: 76–91.

[115] DAVENPORT A, ISYUMOV N. The ground level wind environment in built-up areas[C]//Proceedings of The Fourth International Conference on Wind Effects on Buildings and Struc-tures. Heathrow: Cambridge University Press, 1975: 420–422.

[116] DAVIDSON M J, SNYDER W H, LAWSON R E, et al. Wind tunnel simulations of plume dispersion through groups of obstacles[J]. Atmospheric Environment, 1996, 30（22）: 3715–3731.

[117] DJUKICA A, VUKMIROVICA M, STANKOVICB S. Principles of climate sensitive urban design analysis in identification of suitable urban design proposals. Case study: central zone of Leskovac competition[J]. Energy and Buildings, 2016, 115: 23–35.

[118] EBRAHIMABADI S, JOHANSSON C, RIZZO A, et al. Microclimate assessment method for urban

design: a case study in subarctic climate[J]. Urban Design, 2018, 23: 116–131.

[119] ELLIOTT W P. The growth of the atmospheric internal boundary layer[J]. Eos, Transactions American Geophysical Union, 1958, 39 (6): 1048–1054.

[120] EMMANUEL R, LOCONSOLE A. Green infrastructure as an adaptation approach to tackling urban overheating in the Glasgow Clyde Valley Region, UK[J]. Landscape and Urban Planning, 2015, 138 (SI): 71–86.

[121] EVANS J M, SCHILLER S. Climate and urban planning: the example of the planning code for Vicente Lopez, Buenos Aires[J]. Energy and Buildings, 1990, 15 (1–2): 35–41.

[122] FADL M S, Karadelis J N. CFD simulation for wind comfort and safety in urban area: a case study of Coventry University Central Campus[J]. International Journal of Architecture, Engineering and Construction, 2013, 2 (2): 364–374.

[123] FRANKE J, HELLSTEN A, SCHLÜNZEN H, et al. Best practice guideline for the CFD simulation of flows in the urban environment[M]. COST Office: Brussels, Belgium, 2007.

[124] GALLAGHER J, BALDAUF R, FULLER C H, et al. Passive methods for improving air quality in the built environment: a review of porous and solid barriers[J]. Atmospheric Environment, 2015, 120: 61–70.

[125] GEIS D E. By design: the disaster resistant and quality of life community[J]. Natural Hazards Review, 2000, 1 (3): 1–23.

[126] GOEHRING A. Analytical methods to enhance passive urban design[C]//PLEA 2009–Architecture Energy and the Occupant's Perspective: Proceedings of the 26th International Conference on Passive and Low Energy Architecture, Quebec City, Canada, 2009.

[127] Greater London Authority (GLA). The draft climate changeadaptation strategy for London[EB/OL]. Feb. 2010, http://www.london.gov.uk/climatechange/sites/climatechange/staticdocs/Climiate_change_adaptation.

[128] GU K K, FANG Y H, QIAN Z, et al. Spatial planning for urban ventilation corridors by urban climatology[J]. Ecosystem Health and Sustainability, 2020, 6 (1): 566–567.

[129] GÜLTENA A, ÖZTOPB H F. Analysis of the natural ventilation performance of residential areas considering different urban configurations in Elazığ, Turkey[J]. Urban Climate, 2020, 34.

[130] HANG J, LI Y G. Age of air and air exchange efficiency in high–rise urban areas and its link to pollutant dilution[J]. Atmospheric Environment, 2012, 45 (31): 5572–5585.

[131] HANG J, LUO Z W, WANG X M, et al. The influence of street layouts and viaduct settings on daily carbon monoxide exposure and intake fraction in idealized urban canyons[J]. Environmental Pollution, 2017, 220: 72–92.

[132] HAGHIGHAT F, MIRZAEI P A. Impact of non–uniform urban surface temperature on pollution dispersion in urban areas[J]. Building Simulation, 2011, 4 (3): 227–244.

[133] HANKEY S, MARSHALL J D. Urban form, air pollution andhealth[J]. Current Environmental Health Reports, 2017, 4（4）: 491–503.

[134] HARGREAVES D M, WRIGHT N G. On the use of the k–ε model in commercial CFD software to model the neutral atmospheric boundary layer[J]. Journal of Wind Engineering and Industrial Aerodynamics, 2007, 95（5）: 355–369.

[135] HARLOW F H, FROMM J E. Computer experiments in fluid dynamics[J]. Scientific American, 1965, 212（3）: 104–110.

[136] HE B J, DING L, PRASAD D. Urban ventilation and its potential for local warming mitigation: a field experiment in an open low–rise gridiron precinct[J]. Sustainable Cities and Society, 2020, 55.

[137] HENDERSON K. Briefing: Adapting to a changing climate[J]. Urban Design and Planning, 2010, 163（2）: 53–58.

[138] HII D, CHUNG J, CHOO M L. Computational fluid dynamics for urban design: the prospects for greater integration[J]. International journal of architectural computing, 2011, 9（1）: 34–53.

[139] HONG B, LIN B, QIN H. Numerical investigation on the coupled effects of building–tree arrangements on fine particulate matter（$PM_{2.5}$）dispersion in housing blocks[J]. Sustainable Cities and Society, 2017, 34: 358–370.

[140] HOUDA S, ZEMMOURI N, ATHMANI R, et al. Effect of urban morphology on wind flow distribution in dense urban areas[J]. Revue des Energies Renouvelables, 2011, 14（1）: 85–94.

[141] HSIEH C M, WU K L, LI W C, et al. Implication of Land Use Control on Urban Ventilation – A Case Study in Rail Station Areas of Kaohsiung City, [C]//The seventh International Conference on Urban Climate, Yokohama, Japan, 2009.

[142] HUNT J C R, POULTON E C, MUMFORT J C. The effects of wind on people: new criteria based on wind tunnel experiments[J]. Building and Environment, 1976, 11（1）: 15–28.

[143] HUNT J C R, RICHARDS K J, BRIGHTON P W M. Stably stratified shear flow over low hills[J]. Quarterly Journal of the Royal Meteorological Society, 1988, 114（482）: 859–886.

[144] ISHIHARA T, HIBI K. Tubulent measurements of the flow field around a hogh–rise building[J]. Journal of Wind Engineering, 1998（76）: 55–64.

[145] JANSSEN W D, BLOCKEN B, VAN HOOFF T. Pedestrian wind comfort around buildings: Comparison of wind comfort criteria based on whole–flow field data for a complex case study[J]. Building and Environment, 2013, 59: 547–562.

[146] JUAN Y H, YANG A S, WEN C Y, et al. Optimization procedures for enhancement of city breathability using arcade design in a realistic high–rise urban area[J]. Building and Environment, 2017, 121: 247–261.

[147] KOSS H H. On differences and similarities of applied wind comfort criteria[J]. Journal of Wind Engineering

and Industrial Aerodynamics，2006，94（11）：781–797.

[148] KRESS R. Regionale Luftaustauschprozesse und ihre Bedeutung für die räumliche Planung[R]. Dortmund：Institut für Umweltschutz der Universität Dortmund，1979.

[149] KUBILAY A，NEOPHYTOU K A，MATSENTIDES S，et al. The pollutant removal capacity of urban street canyons as quantified by the pollutant exchange velocity[J]. Urban Climate，2017，21：136–153.

[150] KURTULUS B. High resolution numerical simulation of Sulphur–dioxide emission from a power plant building[J]. Building Simulation，2012，5（2）：135–146.

[151] LAU G E，NGAN K. Analysing urban ventilation in building arrays with the age spectrum and mean age of pollutants[J]. Building and Environment，2018，131：288–305.

[152] LAU S T D，TSOU J Y. Building innovations from computational fluid dynamics[C]//The Seventh Asia–Pacific Conference on Wind Engineering，2009.

[153] LAUNDER B E. On the computation of convective heat transfer in complex turbulent flows[J]. Journal of Heat Transfer，1988，110：1112–1128.

[154] LAWSON T V. The wind content of the buil environment[J]. Journal of Wind Engineering and Industrial Aerodynamics，1978，3（2–3）：91–250.

[155] LI L，CHAN P W. Numerical simulation study of the effect of buildings and complex terrain on the low-level winds at an airport in typhoon situation[J]. Meteorologist Zeltschrift，2012，21（2）：183–192.

[156] Li L，Zhang L J，Zhang N，et al. Study on the micro–scale simulation of wind field over complex terrain by RAMS/FLUENT modeling system[J]. Wind and Structure，2010，13（6）：519–528.

[157] LIN M，HANG J，LI Y G，et al. Quantitative ventilation assessments of idealized urban canopy layers with various urban layouts and the same building packing density[J]. Building and Environment，2014，79（8）：152–167.

[158] Liu C H，Leung D Y C，Barth M C. On the prediction of air and pollutant exchange rates in street canyons of different aspect ratios using large–eddy simulation[J]. Atmospheric Environment，2005，39（9）：1567–1574.

[159] LIU X P，NIU J L，KWORK K C S. Evaluation of RANS turbulence models for simulating wind–induced mean pressures and dispersions around a complex–shaped high–rise building[J]. Building Simulation，2013，6（2）：151–164.

[160] LIU X P，OU J P，LI X，et al. Combining system dynamics and hybrid particle swarm optimization for land use allocation[J]. Ecological Modelling，2013，257：11–24.

[161] LOIBL W，TÖTZER T，KÖSTL M，et al. Modelling micro–climate characteristics for urban planning and building design[J]. Environmental Software Systems，2011，359：605–617.

[162] LU L，SUN K. Wind power evaluation and utilization over a reference high–rise building in urban area[J]. Energy and Buildings，2014，68（A）：339–350.

[163] KIKUMOTO H, OOKA R. Large-eddy simulation of pollutant dispersion in a cavity at fine grid resolutions[J]. Building & Environment, 2018, 127（1）：127-137.

[164] MANLEY G. On the frequency of snowfall in metropolitan England[J]. Quarterly Journal of the Royal Meteorological Society, 1958, 84（359）：70-72.

[165] MCCARTHY M P, BEST M J, BETTS R A. Climate change in cities due to global warming and urban effects[J]. Geophysical Research Letters, 2010, 37（9）：335-345.

[166] MCCARTY J, KAZA N. Urban form and air quality in the United States[J]. Landscape and Urban Planning, 2015, 139：168-179.

[167] MEMARZADEH F, XU W R. Role of air changes per hour（ACH）in possible transmission of airborne infections[J]. Building Simulation, 2012, 5（1）：15-28.

[168] MENARZADEH F, XU W R. Role of air changes per hour（ACH）in possible transmission of airborne infections[J]. Building Simulation, 2012, 5（1）：15-28.

[169] MENTER F R. Two-equation eddy-viscosity turbulence models for engineering applications[J]. AIAA Journal, 1994, 32（8）：1598-1605.

[170] MIAO Y C, LIU S H, CHEN B C, et al. Simulating urban flow and dispersion in Beijing by coupling a CFD model with the WRF model[J]. Advances in Atmospheric Sciences, 2013, 30：1663-1678.

[171] MILLS G, CLEUGH H, EMMANUEL R, et al. Climate information for improved planning and management of mega cities（needs perspective）[J]. Procedia Environmental Sciences, 2010, 1：228-246.

[172] MITCHELL G D. Disaster-resistant new urbanist communities：the merging of new urbanist and disaster-resistant community paradigms to create better communities[D]. Kingston：Queen's University, 2003.

[173] MUMOVICA D, CROWTHER J M, STEVANOVIC Z M. Integrated air quality modelling for a designated air quality management area in Glasgow[J]. Building and Environment, 2006, 41（12）：1703-1712.

[174] NEOPHYTOU M K A, BRITTER R E. Modelling of atmospheric dispersion in complexurban topographies：a computational fluid dynamics study of the central London area[C]//5th GRACM International Congress on Computational Mechanics, Limassol, 2005：967-974.

[175] NG E, YUAN C, CHEN L, et al. Improving the wind environment in high-density cities by understanding urban morphology and surface roughness：a study in Hong Kong[J]. Landscape and Urban Planning, 2011, 101：59-74.

[176] NIELSEN P V. Flow in air-conditioned rooms[D]. Denmark Copenhagen：Technical University of Denmark, 1974.

[177] OKE T R. The energetic basis of the urban heat[J]. Quarterly Journal of the Royal Meteorological Society, 1982, 108（455）：1-24.

[178] PADILLA-MARCOS M A, MEISS A, FEIJÓ-MUÑOZ J. Proposal for a simplified CFD procedure for

obtaining patterns of the age of air in outdoor spaces for the natural ventilation of buildings[J]. Energies, 2017, 10（9）: 1252-1269.

[179] PANAGIOTOU I, NEOPHYTOU M K A, HAMLYN D, et al. City breathability as quantified by the exchange velocity and its spatial variation in real inhomogeneous urban geometries: An example from central London urban area[J]. Science of the Total Environment, 2013, 442, 466-477.

[180] PARK S J, CHOI W, KIM J J, et al. Effects of building‐roof cooling on the flow and dispersion of reactive pollutants in an idealized urban street canyon[J]. Building and Environment, 2016, 109: 175-189.

[181] PATTACINI L. Climate and urban form[J]. Urban Design International, 2012, 17, 106-114.

[182] PENG Y L, BUCCOLIERI R, GAO Z. Indices employed for the assessment of "urban outdoor ventilation"[J]. Atmospheric Environment, 2020, 223.

[183] PETRONE G, CAMMARATA L, CAMMARATA G. A multi‐physical simulation on the IAQ in a movie theatre equipped by different ventilating systems[J]. Building Simulation, 2011, 4（4）: 21-31.

[184] QIAN J, TAVAKOLI B, GOLDASTEH I, et al. Building removal of particulate pollutant plume during outdoor resuspension event[J]. Building and Environment, 2014, 75: 161-169.

[185] RATCLIFF M, PETERKA J. Comparison of pedestrian wind acceptability criteria[J]. Journal of Wind Engineering and Industrial Aerodynamics, 1990, 36（2）: 791-800.

[186] REN C, YANG R Z, CHENG C, et al. Creating breathing cities by adopting urban ventilation assessment and wind corridor plan: the implementation in Chinese cities[J]. Journal of Wind Engineering & Industrial Aerodynamics, 2018, 182: 170-188.

[187] RIVAS E, SANTIAGO J L, LECHÓN Y, et al. CFD modelling of air quality in Pamplona City（Spain）: assessment, stations spatial representativeness and health impacts valuation[J]. Science of the Total Environment, 2019, 649, 1362-1380.

[188] SABATINO, S D, BUCCOLIERI R, PULVIRENTI B, et al. Simulations of pollutant dispersion within idealized urban‐type geometries with CFD and integral models[J]. Atmospheric Environment, 2007, 41（37）: 8316-8329.

[189] SHI Y H, EBERHART R C. Empirical study of particle swarm optimization[C]//Proceedings of the 1999 Congress on Volume: 3, 1999.

[190] SPALART P, JOU W H, STRELETS M, et al. Comments one the feasibility of LES for wings, and on a hybrid RANS/LES approach[C]. Ruston, Louisiana: 1st AFOSR International Conference on DNS/LES, 1997.

[191] STOAKES P, EKKAD S. Optimized impingement configurations for double wall cooling applications[C]// Asme Turbo Expo: Turbine Technical Conference & Exposition, 2011.

[192] THANI S K S O, MOHAMAD N H N, IDILFITRI S. Modification of urban temperature in hot-humid

climate through landscape design approach: a review[J]. Procedia – Social and Behavioral Sciences, 2012, 68: 439–450.

[193] TIAN Z F, TUA J Y, YEOH G H, et al. Numerical studies of indoor airflow and particle dispersion by large Eddy simulation[J]. Building and Environment, 2007, 42 (10): 3483–3492.

[194] TOMINAGA Y, MOCHIDA A, YOSHIE R, et al. AIJ guidelines for practical applications of CFD to pedestrian wind environment around buildings[J]. Journal of Wind Engineering and Industrial Aerodynamics, 2008, 96: 1749–1761.

[195] TOMINAGA Y, MURAKAMI S, MOCHIDA A. CFD prediction of gaseous diffusion around a cubic model using a dynamic mixed SGS model based on composite grid technique[J]. Journal of Wind Engineering and Industrial Aerodynamics, 1997, 67/68: 827–841.

[196] TOPARLAR Y, BLOCKEN B, MAIHEU B, et al. CFD simulation and validation of urban microclimate: a case study for Bergpolder Zuid, Rotterdam[J]. Building and Environment, 2015, 83 (SI): 79–90.

[197] TURKEL E. Preconditioning techniques in computational fluid dynamics[J]. Annual Review of Fluid Mechanics, 2003, 31 (1): 385–416.

[198] WANG H G, YANG W Q, DYAKOWSKI T, et al. Investigation of fluidised bed drying by combination of CFD and ECT[C]//Process of 4th International Symposium on Process Tomography in Poland, 2006: 110–114.

[199] WANG W W, NG E, YUAN C, et al. Large-eddy simulations of ventilation for thermal comfort: a parametric study of generic urban configurations with perpendicular approaching winds[J]. Urban Climate, 2017, 20: 202–227.

[200] WEN C Y, JUAN Y H, YANG A S. Enhancement of city breathability with half open spaces in ideal urban street canyons[J]. Building and Environment, 2017, 112: 322–336.

[201] WILLEMSEN E, WISSE J A. Design for wind comfort in The Netherlands: procedures, criteria and open research issues[J]. Journal of Wind Engineering and Industrial Aerodynamics, 2007, 95 (9–11): 781–797.

[202] WILLIAMS C J, SOLIGO M J, CÔTÉ J. A discussion of the components for a comprehensive pedestrian level comfort criterion[J]. Journal of Wind Engineering and Industrial Aerodynamics, 1992, 44 (1–3): 2389–2390.

[203] WONG N H, JUSUF S K, TAN C L. Integrated urban microclimate assessment method as a sustainable urban development and urban design tool[J]. Landscape and Urban Planning, 2011, 100 (4): 386–389.

[204] XIE F T, SONG W P, HAN Z H. Numerical study of high–resolution scheme based on preconditioning method[J]. Journal of Aircraft, 2009, 46 (2): 520–525.

[205] YAO W G, Marques S. Prediction of Transonic LCOs using an Aeroelastic Harmonic Balance Method[C]//44th AIAA Fluid Dynamics Conference, Atlanta, GA, 2014.

[206] YING X Y, DING G, HU X J. et al. Developing planning indicators for outdoor wind environments of high-rise residential buildings[J]. Journal of Zhejiang Universityence A, 2016, 17: 378-388.

[207] YOU W, GAO Z, CHEN Z, et al. Improving residential wind environments by understanding the relationship between building arrangements and outdoor regional ventilation[J]. Atmosphere, 2017, 8（6）: 102-123.

[208] YUAN C, NG E, NORFORD L K. Improving air quality in high-density cities by understanding the relationship between air pollutant dispersion and urban morphologies[J]. Building and Environment, 2014, 71: 245-258.

[209] YUAN C, NG E. Practical application of CFD on environmentally sensitive architectural design at high density cities: a case study in Hong Kong[J]. Urban Climate, 2014, 8: 57-77.

[210] YUAN C, SHAN R Q, ZHANG Y Y, et al. Multilayer urban canopy modelling and mapping for traffic pollutant dispersion at high density urban areas[J]. The Science of the Total Environment, 2019, 647, 255-267.